JN140739

改訂版

すぐわかる統計解析

石村貞夫＋石村友二郎 著

東京図書

一歩前に
進もう！

■ はじめに

この本の特長は，《書き込み式》にあります．
《書き込み式》とは？

はじめに，「公式」と「例題」を見比べます．
例えば……

公式

$$\text{分散 } s^2 = \frac{N \times \Sigma x_i{}^2 - (\Sigma x_i)^2}{N \times (N-1)}$$

例題

$$\text{分散 } s^2 = \frac{9 \times 48158 - 649^2}{9 \times (9-1)}$$

次に，「演習」のデータを見ながら，$\boxed{}$ の中に数値を書き込みます．

演習

$$\text{分散 } s^2 = \frac{\boxed{} \times \boxed{} - \boxed{}^2}{\boxed{} \times (\boxed{} - 1)} = \boxed{}$$

最後に，書き込んだ数値を，「演習の解答」で確認します．

演習の解答

$$\text{分散 } s^2 = \frac{\boxed{40} \times \boxed{130400} - \boxed{2210}^2}{\boxed{40} \times (\boxed{40} - 1)} = \boxed{212.756}$$

現代人は，さまざまなデータが氾濫している情報の海の中を泳いでいます．
その中から，

必要なデータを取り出し，要約し，分析

しなければなりません．
でも，その方法は？？？

その方法が，統計解析なのです！

しかし，多忙な我々は，統計解析ばかりに，かかわってはいられません．
数学的理論はともかく，

統計解析を使えるようになりたい

という，強い願望があります．
そして，その願いが，この本に凝縮されています．
まずは，統計解析という手法に慣れることにしましょう！
そのあとで，ゆっくり数学的理論を理解しても遅くはありません．
この本を片手に，一歩，前に進みましょう．

習うより  慣れろ！
… かな

2018 年 12 月 29 日

著者

■ 目　次

はじめに　iv

第1章 データの特徴を見る
◉度数分布表　2

1.1 度数分布表を作ろう　2
1.2 ヒストグラムを描こう　8

第2章 データの特徴を計算する
◉基礎統計量　12

2.1 平均値・中央値・最頻値を計算しよう　12
2.2 分散と標準偏差を計算してみると……　18
2.3 データを標準化する　26

第3章 対応しているデータの関係を知る
◉相関係数　28

3.1 散布図を描こう　28
3.2 相関係数から読み取れること　32
3.3 順位相関って何だろう　38
3.4 無相関の検定をしてみよう　46

第4章 データの正規性を調べる 52
◉正規母集団

4.1 正規確率紙を利用しよう 52
4.2 歪度と尖度を計算してみると…… 60
4.3 データを正規分布に近づけよう——データの変換 64
4.4 測定ミス？——外れ値の棄却検定 66

第5章 対応しているデータから予測する 72
◉回帰直線

5.1 回帰直線で予測しよう 72
5.2 その回帰直線は役に立つか？ 78

第6章 データから推定する 84
◉区間推定

6.1 平均値を推定したい——母平均の区間推定 84
6.2 比率を推定したい——母比率の区間推定 92
6.3 データをいくつ集めればよいのだろうか 98

第7章 データから検定する
◉仮説の検定 104

7.1 平均値をテストする――母平均の検定 104
7.2 比率をテストする――母比率の検定 118
7.3 理論値とのズレを測る――適合度検定 124

第8章 2組のデータを比較する(1)
◉差の検定 130

8.1 2つの母平均に差があることを示したい 130
8.2 等分散性の検定 152
8.3 対応のある2つの母平均に差があることを示したい 156
8.4 2つの母比率に差があることを示したい 164

第9章 2組のデータを比較する(2)
◉ノンパラメトリック検定 172

9.1 ウィルコクスンの順位和検定 172
9.2 符号検定とウィルコクスンの符号付順位検定 184

第10章 データの関連性を調べる 192
◉独立性の検定

10.1 クロス集計表 192

10.2 独立性の検定をしてみよう 196

第11章 いろいろな確率分布とその数表 204
◉数表の見方

11.1 確率変数と確率分布と確率 204

11.2 標準正規分布の数表 206

11.3 自由度 m のカイ２乗分布の数表 210

11.4 自由度 m の t 分布の数表 214

11.5 自由度（m, n）の F 分布の数表 218

11.6 ノンパラメトリック検定の数表 224

演習の解答 233

参考文献 255

索引 257

すぐわかる統計解析の案内板

データの特徴を見る
- 度数分布表
- ヒストグラム

データの特徴を計算する
- 平均値
- 中央値
- 最頻値
- 分　散
- 標準偏差
- データの標準化

対応しているデータの関係を知る
- 散布図
- 相関係数
- スピアマンの順位相関係数
- ケンドールの順位相関係数
- 無相関の検定

データの正規性を調べる
- 正規確率紙
- 歪度・尖度
- 対数変換
- ボックス・コックス変換
- 外れ値の棄却検定

対応しているデータから予測する
- 回帰直線
- 決定係数
- 分散分析表

データから推定する
- 区間推定のしくみ
- 母平均の区間推定
- 母比率の区間推定
- 標本の大きさの決定

データから検定する
- 仮説の検定のしくみ
- 母平均の検定
- 母比率の検定
- 適合度検定

2組のデータを比較する
- 2つの母平均の差の検定
- ウェルチの検定
- 等分散性の検定
- 対応のある2つの母平均の差の検定
- 2つの母比率の差の検定
- ウィルコクスンの順位和検定
- 符号検定
- ウィルコクスンの符号付順位検定

データの関連性を調べる
- クロス集計表
- 独立性の検定

装　幀／今垣知沙子（戸田事務所）
イラスト／石村多賀子

改訂版
すぐわかる統計解析

第 1 章

データの特徴を見る

度数分布表

1.1 度数分布表を作ろう

次のデータは，どのように分析すればよいのだろうか？

表 1.1.1　小学生 60 人の英語のテストの点数

83	59	49	66	79	79	78	74	84	76
75	63	64	83	94	89	56	67	57	85
87	53	76	69	63	69	62	92	63	59
48	52	71	78	87	65	55	53	78	93
68	81	66	65	54	77	66	63	75	82
81	62	87	98	75	66	76	44	79	75

データの個数が多いときには，まず**データの要約**をしよう．

データの要約とは，データを見やすくまとめること*!!*

データを大きさの順に並べ替えてみると……

次のようになります．

小→大 … 昇順
大→小 … 降順

表 1.1.2　英語のテストの点数を並べ替えると……

44	48	49	52	53	53	54	55	56	57
59	59	62	62	63	63	63	63	64	65
65	66	66	66	66	67	68	69	69	71
74	75	75	75	75	76	76	76	77	78
78	78	79	79	79	81	81	82	83	83
84	85	87	87	87	89	92	93	94	98

そこで，英語の点数を 10 点ごとにまとめると，次の表になります．

表 1.1.3　点数と人数

点数	人数
40～50	3
50～60	9
60～70	17
70～80	16
80～90	11
90～100	4

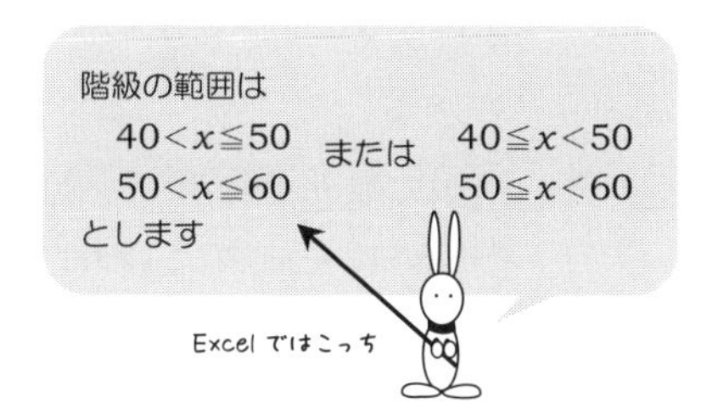

階級の範囲は
$40 < x \leqq 50$
$50 < x \leqq 60$
または
$40 \leqq x < 50$
$50 \leqq x < 60$
とします
Excel ではこっち

このような表を**度数分布表**といいます．

度数とは，

各階級に属するデータの個数

のことです．

度数分布表には，階級，度数のほかに，

相対度数・累積度数・累積相対度数

がついています．

表 1.1.4　度数分布表

階　級	度数	相対度数	累積度数	累積相対度数
～				
～				
～				
⋮	⋮	⋮	⋮	⋮
～				
～				

すぐわかる度数分布表の作り方の公式

手順 1　データから，**最大値** MAX と**最小値** MIN を探し，

$$\textbf{範囲}\ R = \text{MAX} - \text{MIN}$$

を求める．

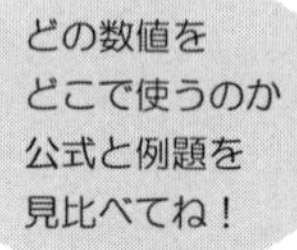

どの数値を
どこで使うのか
公式と例題を
見比べてね！

手順 2　階級の数 n を決めて，範囲 R を n 等分する．
階級の数 n は 7〜15 程度とするのが一般的．

スタージェスの公式

$$n \fallingdotseq 1 + \frac{\log_{10} N}{\log_{10} 2}$$

による方法もあります．

手順 3　階級を求める．

$$a_0 = \text{MIN}$$

$$a_1 = a_0 + \frac{R}{n}$$

$$\vdots$$

$$a_n = a_{n-1} + \frac{R}{n}$$

a_0 を MIN より
小さく取る方が見やすい
度数分布表になります

手順 4　各階級 a_{i-1}〜a_i に属するデータの個数 f_i を求める．

階　級	度数	相対度数	累積度数	累積相対度数
a_0〜a_1	f_1	$\frac{f_1}{N}\times 100$	f_1	$\frac{f_1}{N}\times 100$
a_1〜a_2	f_2	$\frac{f_2}{N}\times 100$	f_1+f_2	$\frac{f_1+f_2}{N}\times 100$
⋮	⋮	⋮	⋮	⋮
a_{n-1}〜a_n	f_n	$\frac{f_n}{N}\times 100$	$f_1+f_2+\cdots+f_n$	$\frac{f_1+f_2+\cdots+f_n}{N}\times 100$

⬆
$N = f_1+f_2+\cdots+f_n$

例題

度数分布表の作り方の例題

手順 1　表 1.1.1 のデータから，最大値，最小値を探します．

MAX $= \boxed{98}$，MIN $= \boxed{44}$ なので，

範囲 R を求めると……

$$\text{範囲 } R = \boxed{98} - \boxed{44} = \boxed{54}$$

手順 2　データの個数は $N = \boxed{60}$ なので，スタージェスの公式を使うと……

$$n \fallingdotseq 1 + \frac{\log_{10} \boxed{60}}{\log_{10} 2} = \boxed{6.9069}$$

$n = 6$ か 7 となりますが，

階級の幅は $n = 10$ にします．

このデータの場合
階級の幅は 10 の方が
見やすくなります

手順 3　階級を求めると……

最小値は $\boxed{44}$ なので $a_0 = \boxed{40}$ とします．

$$a_0 = \boxed{40}$$
$$a_1 = \boxed{40} + \boxed{10} = \boxed{50}$$
$$a_2 = \boxed{50} + \boxed{10} = \boxed{60}$$
$$\vdots$$
$$a_6 = \boxed{90} + \boxed{10} = \boxed{100}$$

階級の範囲は
$40 < x \leqq 50$
とします

手順 4　各階級に属するデータの個数を求めると，度数分布表の完成です．

階　級	度数	相対度数	累積度数	累積相対度数
40〜50	3	0.050	3	0.050
50〜60	9	0.150	12	0.200
60〜70	17	0.283	29	0.483
70〜80	16	0.267	45	0.750
80〜90	11	0.183	56	0.933
90〜100	4	0.067	60	1.000

度数分布表の作り方の演習

次のデータは，高齢者 100 人の血糖値です．

そこで……

このデータの度数分布表を作成してみよう．

表 1.1.5　高齢者 100 人の血糖値

135	126	108	97	62	109	140	154	165	133
91	127	157	101	165	133	54	103	58	137
101	111	139	132	97	124	114	131	177	85
146	103	152	110	137	120	83	109	132	105
167	115	122	113	145	94	166	114	130	119
148	139	123	144	112	112	136	186	97	95
72	102	103	107	115	128	105	182	155	116
104	102	119	103	78	103	84	151	151	150
128	116	134	86	99	95	118	79	86	107
92	138	84	90	173	53	118	132	147	121

大きさの順に
並べ替えると……

53	54	58	62	72	78	79	83	84	84
85	86	86	90	91	92	94	95	95	97
97	97	99	101	101	102	102	103	103	103
103	103	104	105	105	107	107	108	109	109
110	111	112	112	113	114	114	115	115	116
116	118	118	119	119	120	121	122	123	124
126	127	128	128	130	131	132	132	132	133
133	134	135	136	137	137	138	139	139	140
144	145	146	147	148	150	151	151	152	154
155	157	165	165	166	167	173	177	182	186

演習

手順 1　最小値＝□，最大値＝□なので

範囲 R ＝□－□＝□

手順 2　データの個数は N ＝□なので，スタージェスの公式を使うと

$$n \fallingdotseq 1 + \frac{\log_{10} \square}{\log_{10} 2} = \square$$

となるのだが，$n = \boxed{8}$ としよう．このとき

$$\frac{R}{n} = \frac{\square}{\boxed{8}} = \square$$

なので，階級の幅は $\boxed{20}$ に決めよう．

手順 3　階級を求めよう．最小値は□なので，$a_0 = \boxed{40}$ にしよう．

$$a_0 = \boxed{40}$$

$$a_1 = \square + \square = \square$$

$$a_2 = \square + \square = \square$$

$$\vdots$$

$$a_8 = \square + \square = \square$$

手順 4　それぞれの階級に属するデータの個数を求めよう．

階　級	度数	相対度数	累積度数	累積相対度数
40〜60	3	%		%
60〜80		%		%
80〜100		%		%
100〜120		%		%
120〜140		%		%
140〜160		%		%
160〜180		%		%
180〜200		%		%

1.2 ヒストグラムを描こう

統計解析は，平均値や分散の計算が中心のように思われますが，
その目的は，

"データの特徴をつかむ"

ことにあります．

したがって，視覚的に特徴をとらえることができる

"データの**グラフ表現**"

は非常に有効な手法です．

度数分布表のグラフ表現を**ヒストグラム**といいます．　⬅ histogram

度数分布表ができたら，さっそくヒストグラムを作ってみよう．

横軸に階級をとり，縦軸に度数をとります．

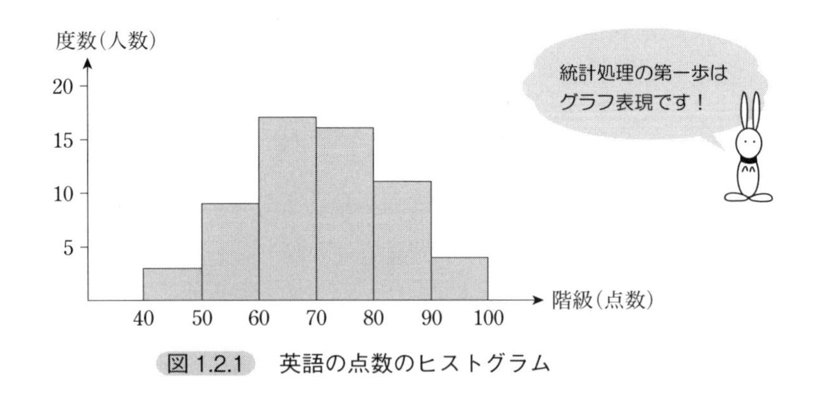

図 1.2.1　英語の点数のヒストグラム

このヒストグラムから，

データがどのように分布しているか？

を読み取ることができます．

このヒストグラムの場合，

データは 70 を中心にして，左右対称に分布している

ことがわかります．

解説

【例１】 次のヒストグラムは，中心が左に寄っています．
統計では，**右にスソが長い**と表現します．

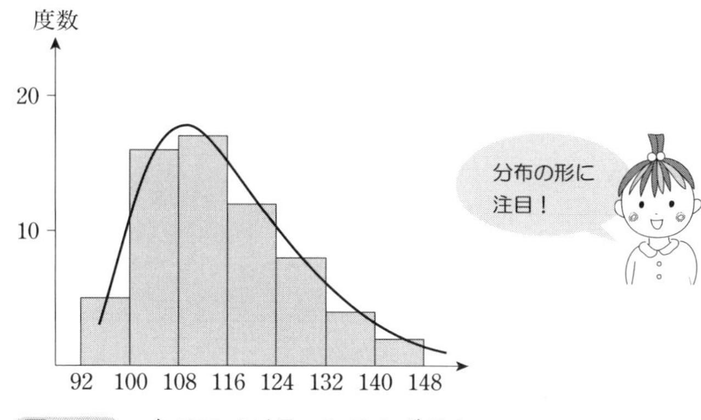

図 1.2.2　右にスソが長いヒストグラム

【例２】 次のヒストグラムは，中心が右に寄っています．
統計では，**左にスソが長い**と表現します．

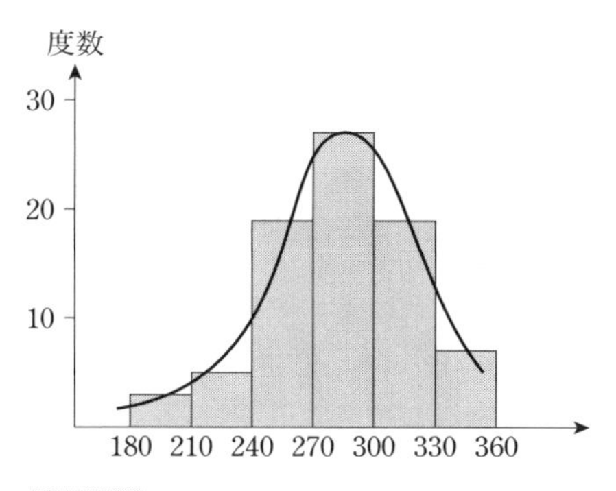

図 1.2.3　左にスソが長いヒストグラム

分布の形を 数値 で表す方法としては，

歪度（わいど）…… 分布の対称性
尖度（せんど）…… 分布のスソの長さ

などが知られています．

すぐわかるヒストグラムの描き方の公式

手順1　度数分布表を用意する．

階　級	度数
$a_0 \sim a_1$	f_1
$a_1 \sim a_2$	f_2
$a_2 \sim a_3$	f_3
⋮	⋮
$a_{n-2} \sim a_{n-1}$	f_{n-1}
$a_{n-1} \sim a_n$	f_n

手順2　階級を横軸に，度数を縦軸にとり，ヒストグラムを描く．

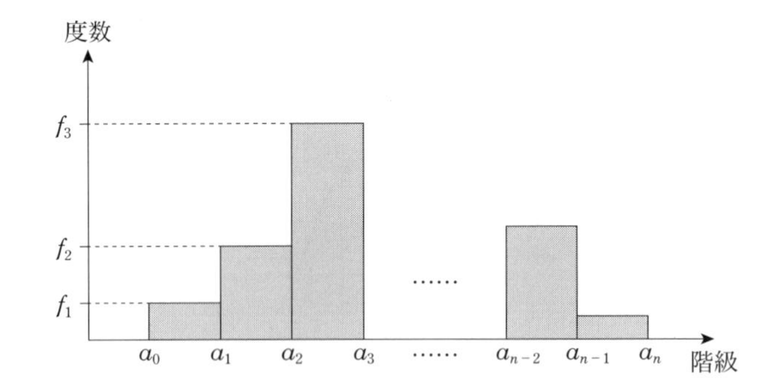

例題

ヒストグラムの描き方の例題

手順 1　度数分布表が，次のように与えられているとき……

点　数	人数
40〜50	3
50〜60	9
60〜70	17
70〜80	16
80〜90	11
90〜100	4

手順 2　横軸に点数を，縦軸に人数をとり，ヒストグラムを描くと……

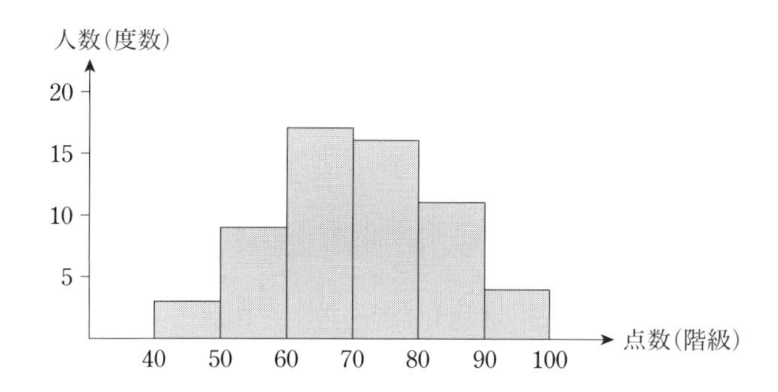

第2章

データの特徴を計算する

基礎統計量

2.1 平均値・中央値・最頻値を計算しよう

次のデータは，どのように分析すればよいのだろうか？

表 2.1.1　女子児童９人の国語の点数

No.	国語
1	63
2	57
3	72
4	65
5	73
6	95
7	84
8	82
9	58

このデータの特徴を 数値 で表すことを考えてみよう．

データを代表する値には

平均値・中央値・最頻値（さいひんち）　　⬅代表値

などがあります．これらの値を**基礎統計量**といいます．

平均値 $\bar{x}$は，データをすべて加えてデータの個数で割った値です．

よって，

$$\bar{x} = \frac{63 + 57 + 72 + \cdots + 82 + 58}{9} = 72.1$$

⬅ MEAN AVERAGE

となります．

解説

中央値 Me は，データを大きさの順に並べ換えたときの真ん中の値のこと．　⬅ MEDIAN

57　58　63　65　72　73　82　84　95

したがって

中央値 $Me = 72$

となります．

表 1.1.1 のデータの中央値は

$$中央値\ Me = \frac{71 + 74}{2} = 72.5$$

データの個数が偶数のとき 中央値は $\frac{\square + \triangle}{2}$

この中央値はデータを分析するとき，あまり役に立ちそうもないように思えますが，統計では，非常に重要な概念の 1 つです．

ノンパラメトリック検定のとき，平均値に代わる代表値となります．

最頻値 Mo は，データの中で最もたびたび現れる値のこと．　⬅ MODE

表 2.1.1 のデータは，データ数が少ないので求められません．

表 1.1.1 のデータの最頻値 Mo は 66 です．

図 1.2.1 のヒストグラムをなめらかに描くと，平均値・中央値・最頻値の関係は，次のようになります．

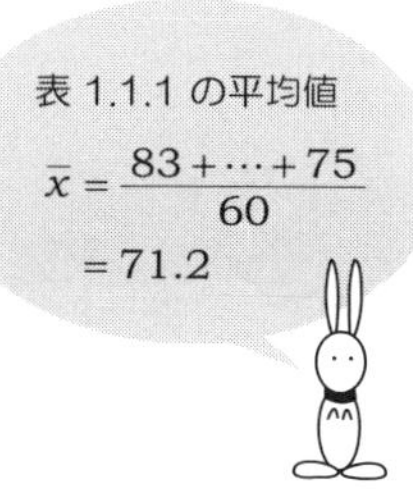

表 1.1.1 の平均値
$\bar{x} = \frac{83 + \cdots + 75}{60}$
$= 71.2$

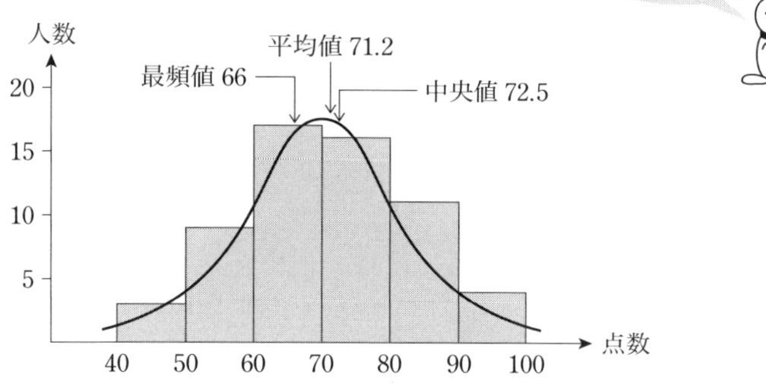

図 2.1.1　平均値・中央値・最頻値の位置関係

すぐわかる平均値・中央値・最頻値の求め方の公式

手順 1　データから，次の統計量を計算する．

データ

No.	x
1	x_1
2	x_2
⋮	⋮
N	x_N
計	Σx_i

度数分布表のデータ

階級値 m	度数 f	$m \times f$
m_1	f_1	$m_1 \times f_1$
m_2	f_2	$m_2 \times f_2$
⋮	⋮	⋮
m_n	f_n	$m_n \times f_n$
合計	N	$\Sigma(m_i \times f_i)$

N = 総度数

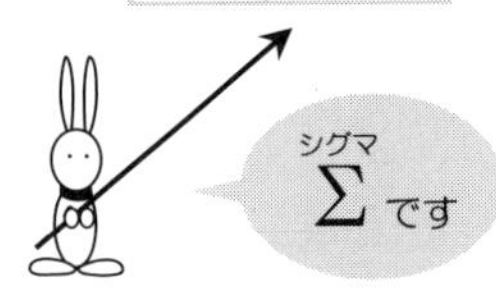

Σのことはp.22を見てね〜

手順 2　平均値・中央値・最頻値を求める．

データの場合

平均値 $\overline{x} = \dfrac{\Sigma x_i}{N}$

中央値 Me

データを大きさの順に並べたときの真ん中の値

最頻値 Mo

最も多く現れるデータの値

度数分布表のデータの場合

平均値 $\overline{x} = \dfrac{\Sigma(m_i \times f_i)}{N}$

中央値 Me

50%の累積相対度数または総度数の半分が属している階級値

最頻値 Mo

度数の最も大きい階級値

平均値・中央値・最頻値の求め方の例題

手順 1　データから，次の統計量を計算すると……

No.	国語
1	63
2	57
3	72
4	65
5	73
6	95
7	84
8	82
9	58
合計	649

⬅ここ

表 2.1.1 の
データです

手順 2　平均値・中央値・最頻値を求めると……

平均値 $\bar{x} = \dfrac{\boxed{649}}{\boxed{9}} = \boxed{72.1}$

中央値 $Me = \boxed{72}$

最頻値 $Mo = \boxed{?}$

データが少ないときは
最頻値は求めません

平均値・中央値・最頻値の求め方の演習

次のデータは，40 人の HDL コレステロール値です．
そこで，……
このデータの平均値・中央値・最頻値を求めてみよう．

表 2.1.2　40 人の HDL コレステロール値

51	62	52	63	59	40	43	56	67	58
80	60	51	36	42	41	62	82	42	59
46	98	32	57	74	39	36	49	49	74
57	56	53	66	31	90	56	60	57	50

まずは
大きさの順に
並び替えてね！

31	32	36	36	39	40	41	42	42	43
46	49	49	50	51	51	52	53	56	56
56	57	57	57	58	59	59	60	60	62
62	63	66	67	74	74	80	82	90	98

データ数が多いときは
次のページのように
度数分布表にまとめてから
平均値や中央値を
計算するとカンタンに
求められます

演習

手順 1　度数分布表のデータから，次の統計量を計算しよう．

階級値 m	度数 f	$m \times f$
35	6	210
45	8	
55	15	
65	5	
75	3	
85	2	
95	1	
合計		

階級値は次のように求めています

$$35 = \frac{30+40}{2}$$

$$45 = \frac{40+50}{2}$$

$$\vdots$$

$$95 = \frac{90+100}{2}$$

手順 2　平均値・中央値・最頻値を求めよう．

$$\text{平均値}\ \bar{x} = \frac{\boxed{}}{\boxed{}} = \boxed{}$$

$$\text{中央値}\ Me = \boxed{}$$

$$\text{最頻値}\ Mo = \boxed{}$$

解説

2.2 分散と標準偏差を計算してみると……

次のデータは，どのように分析すればよいのだろうか？

表 2.2.1 英語の点数の度数分布表

女子児童のグループ

階級	度数
40～50	3
50～60	9
60～70	17
70～80	16
80～90	11
90～100	4

男子児童のグループ

階級	度数
40～50	6
50～60	11
60～70	14
70～80	12
80～90	9
90～100	8

このようなときは，２つのグループの比較をしてみよう．

つまり，

女子と男子とで点数にちがいがみられるだろうか？

ということ．

そこで，２つの度数分布表から平均値を求めてみると……

女子児童のグループ

平均値 = 70.8

男子児童のグループ

平均値 = 70.2

したがって，女子児童と男子児童の平均値にほとんど差はみられない．

それでは，データの分布の形はどうだろうか？

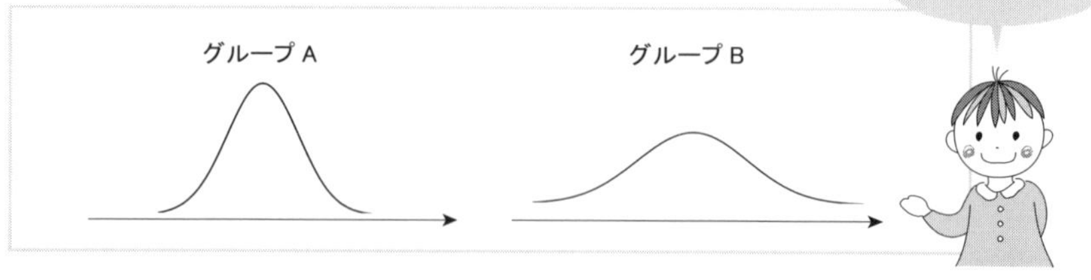

解説

次のように，２つのヒストグラムと分布の形を描いてみよう．

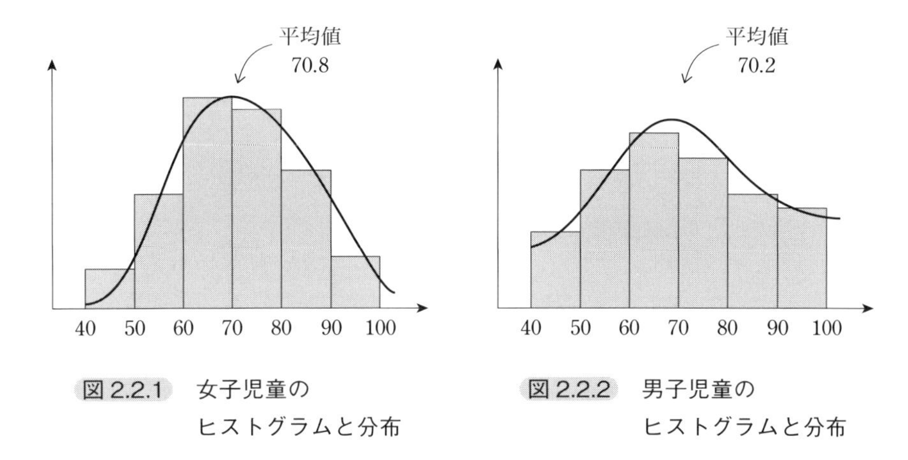

図 2.2.1　女子児童のヒストグラムと分布

図 2.2.2　男子児童のヒストグラムと分布

この２つの分布を重ね合わせると……

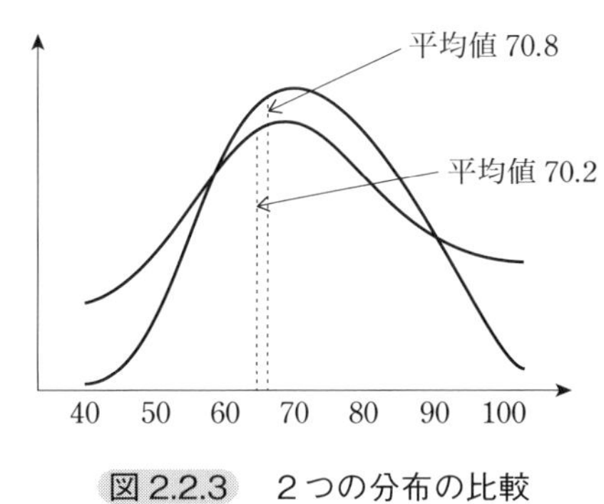

図 2.2.3　２つの分布の比較

２つのグループの平均値はほぼ同じ値ですが
分布の形はずいぶん異なっています．

このことから，データを分析する場合，平均値の比較だけでは
不十分だということがわかります．

図 2.2.3 を見てもわかるように，データの散らばりぐあいも
調べる必要があります．

この散らばりぐあいが，分散や標準偏差の考え方になります．

解説

統計解析でもっとも重要な概念は，

分散　と　標準偏差

ですね!!

分散や標準偏差は，

“データが平均値を中心に

どのくらい散らばっているのかを示す統計量”

で，次の図を見てもその重要性がわかります．

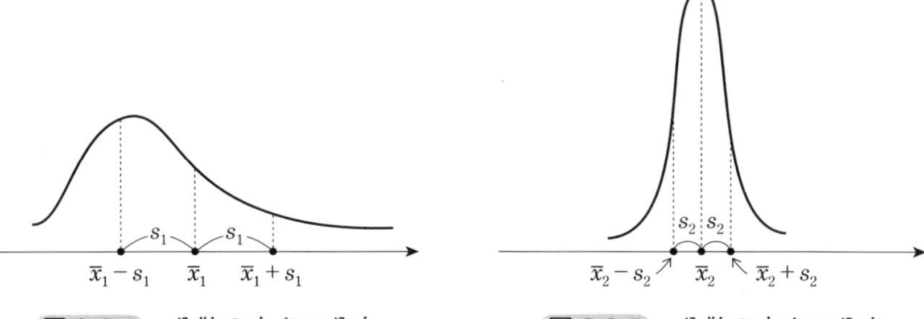

図 2.2.4　分散の大きい分布

図 2.2.5　分散の小さい分布

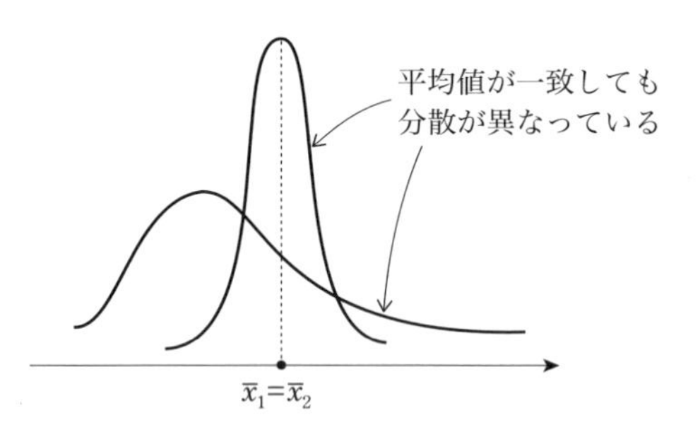

図 2.2.6　重ねてみると……

分散 s^2 と標準偏差 s の定義式

分散を計算するときは
下の式の方がラク！

$$
\text{分散 } s^2 = \frac{(x_1 - \overline{x})^2 + (x_2 - \overline{x})^2 + \cdots + (x_N - \overline{x})^2}{N-1}
$$

$$
= \frac{N \times (x_1{}^2 + x_2{}^2 + \cdots + x_N{}^2) - (x_1 + x_2 + \cdots + x_N)^2}{N \times (N-1)}
$$

$$
\text{標準偏差 } s = \sqrt{s^2} = \sqrt{\text{分散}}
$$

ところで，区間推定や仮説の検定をするときは，データのことを

“母集団からランダムに抽出された標本”

と表現するので

平均値 $\bar{x}$ ⟶ 標本平均 $\bar{x}$

分散 s^2 ⟶ 標本分散 s^2

標準偏差 s ⟶ 標本標準偏差 s

のように，“標本”を付けます．

統計処理をおこなっている学術論文に

SD　とか　SE

という記号があります．

SD は標本標準偏差［sample standard deviation］のことです．

SE は**標準誤差**［standard error］のことで，次のように定義します．

標準誤差 SE の定義

$$\text{標準誤差 SE} = \frac{s}{\sqrt{N}} = \sqrt{\frac{s^2}{N}}$$

この SE は標本平均 $\bar{x}$ の標準偏差のことです．

区間推定や仮説の検定のときにたびたび登場します．

拡大鏡

データが平均値からどのくらい散らばっているのかを測るのであれば，

$$\frac{|x_1-\bar{x}|+|x_2-\bar{x}|+\cdots+|x_N-\bar{x}|}{N}$$

のように，絶対値をとった方がよさそうに思えますが……

$x_i - \bar{x}$ は
“偏差”といいます
左の式は
“絶対平均偏差”です

すぐわかる分散・標準偏差の求め方の公式

手順 1　データから，次の統計量を計算する．

データ

No.	x	x^2
1 2 ⋮ N	x_1 x_2 ⋮ x_N	${x_1}^2$ ${x_2}^2$ ⋮ ${x_N}^2$
計	Σx_i	$\Sigma {x_i}^2$

度数分布表のデータ

階級値 m	度数 f	$m \times f$	$m^2 \times f$
m_1 m_2 ⋮ m_n	f_1 f_2 ⋮ f_n	$m_1 \times f_1$ $m_2 \times f_2$ ⋮ $m_n \times f_n$	${m_1}^2 \times f_1$ ${m_2}^2 \times f_2$ ⋮ ${m_n}^2 \times f_n$
合計	N	$\Sigma(m_i \times f_i)$	$\Sigma({m_i}^2 \times f_i)$

公式と例題をよく見比べてね～

手順 2　分散・標準偏差を求める．

データの場合

$$分散\ s^2 = \frac{N \times \Sigma {x_i}^2 - (\Sigma x_i)^2}{N \times (N-1)}$$

$$標準偏差\ s = \sqrt{s^2}$$

度数分布表のデータの場合

$$分散\ s^2 = \frac{N \times \Sigma({m_i}^2 \times f_i) - (\Sigma(m_i \times f_i))^2}{N \times (N-1)}$$

$$標準偏差\ s = \sqrt{s^2}$$

Σとは合計（SUM）のことです．次のように計算しています．

$$\Sigma x_i = \sum_{i=1}^{N} x_i = x_1 + x_2 + \cdots + x_N$$

$$\Sigma m_i \times f_i = \sum_{i=1}^{n} m_i \times f_i = m_1 \times f_1 + m_2 \times f_2 + \cdots + m_n \times f_n$$

分散・標準偏差の求め方の例題

手順 1 データから，次の統計量を計算すると……

No.	国語	2乗
1	63	3969
2	57	3249
3	72	5184
4	65	4225
5	73	5329
6	95	9025
7	84	7056
8	82	6724
9	58	3364
合計	649	48125

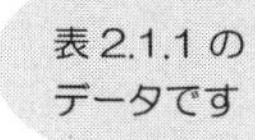

手順 2 分散・標準偏差を求めると……

$$分散\ s^2 = \frac{\boxed{9} \times \boxed{48125} - \boxed{649}^2}{\boxed{9} \times (\boxed{9} - 1)} = \boxed{165.611}$$

$$標準偏差\ s = \sqrt{\boxed{165.611}} = \boxed{12.87}$$

データが母集団から
抽出されていることを
強調したいときは……

分散 ⇒ 標本分散
標準偏差 ⇒ 標本標準偏差

分散・標準偏差の求め方の演習

次のデータは 40 人の HDL コレステロール値です.

このデータの分散・標準偏差を求めてみよう.

表 2.2.2　40 人の HDL コレステロール値

51	62	52	63	59	40	43	56	67	58
80	60	51	36	42	41	62	82	42	59
46	98	32	57	74	39	36	49	49	74
57	56	53	66	31	90	56	60	57	50

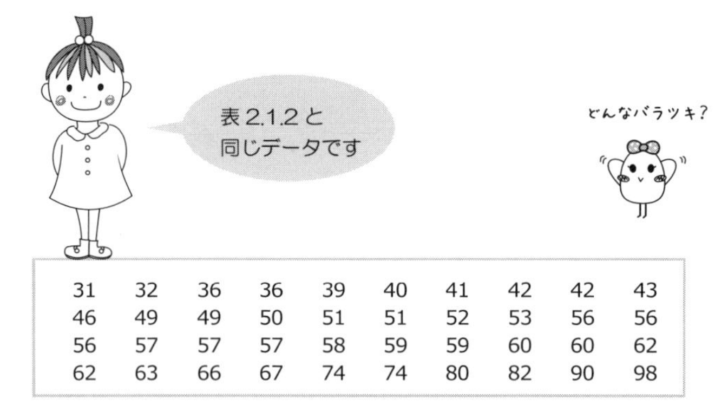

31	32	36	36	39	40	41	42	42	43
46	49	49	50	51	51	52	53	56	56
56	57	57	57	58	59	59	60	60	62
62	63	66	67	74	74	80	82	90	98

データ数が多いときは
次のページのように
度数分布表にまとめてから
分散や標準偏差を
計算するとカンタンです

手順 1 度数分布表のデータから，次の統計量を計算しよう．

階級値 m	度数 f	$m \times f$	$m^2 \times f$
35	6	210	7350
45	8		
55	15		
65	5		
75	3		
85	2		
95	1		
合計			

手順 2 分散・標準偏差を求めよう．

$$\text{分散}\ s^2 = \frac{\square \times \square - \square^2}{\square \times (\square - 1)} = \square$$

$$\text{標準偏差}\ s = \sqrt{\square} = \square$$

表計算ソフトの Excel や
統計解析用ソフト SPSS を
使えるときは……

データ数が多くても
直接計算できます！

2.3 データを標準化する

２つのグループを比較したいのだが，データが得られたときの条件が異なっている．どのようにすればよいのだろうか？

表 2.3.1　２種類のテストの点数

グループ A（50 点満点）

No.	点数
1	38
2	17
3	42
4	26
5	50

グループ B（10 点満点）

No.	点数
1	8
2	4
3	5
4	9
5	3
6	10

このようなときは，**データの標準化**をしよう．

データの標準化の定義式

$$x_i \xmapsto{\text{変換}} \frac{x_i - \overline{x}}{s_x}$$

$\overline{x}$ … x の平均値
s_x … x の標準偏差

この変換をすると，どのようなデータも

平均 0,　　分散 1^2

になるので，条件の異なる２つのデータを比較することができます．

データの標準化の例として，次のような標準得点があります．

$$\text{標準得点} = \frac{\text{得点} - \text{平均値}}{\text{標準偏差}} \times S + M$$

M は標準得点の平均値です

S は標準得点の標準偏差です

例えば，テストのときは……

$$Z\text{得点} = \frac{\text{点数} - \text{平均点}}{\text{標準偏差}} \times 10 + 50$$

そこで，表 2.3.1 のデータを標準化し，Z 得点を求めてみよう．

グループA（50 点満点）

No.	点数	標準化	Z 得点
1	38	0.259	52.59
2	17	−1.342	36.58
3	42	0.564	55.64
4	26	−0.656	43.44
5	50	1.175	61.75

点数 → 標準化：$\frac{\text{点数} - 34.6}{13.11}$　標準化 → Z 得点：標準化 × 10 + 50

平均点 = 34.6　標準偏差 = 13.11
平均値 = 0　標準偏差 = 1
平均値 = 50　標準偏差 = 10

グループB（10 点満点）

No.	点数	標準化	Z 得点
1	8	0.521	55.21
2	4	−0.868	41.32
3	5	−0.521	44.79
4	9	0.868	58.68
5	3	−1.215	37.85
6	10	1.215	62.15

点数 → 標準化：$\frac{\text{点数} - 6.5}{2.88}$　標準化 → Z 得点：標準化 × 10 + 50

平均点 = 6.5　標準偏差 = 2.88
平均値 = 0　標準偏差 = 1
平均値 = 50　標準偏差 = 10

50 点満点～
10 点満点～

第3章

対応しているデータの関係を知る

相関係数

3.1 散布図を描こう

次のデータは，どのように分析すればよいのだろうか？

表 3.1.1　算数と国語の点数

No.	算数	国語
1	51	63
2	46	57
3	67	72
4	54	65
5	81	73
6	86	95
7	64	84
8	75	82
9	63	58

このデータは対応している２変数データです
算数と国語の関係は？

このように，対応している２変数のデータのときは，

横軸に算数，縦軸に国語

をとり，xy－平面上にグラフ表現しよう．

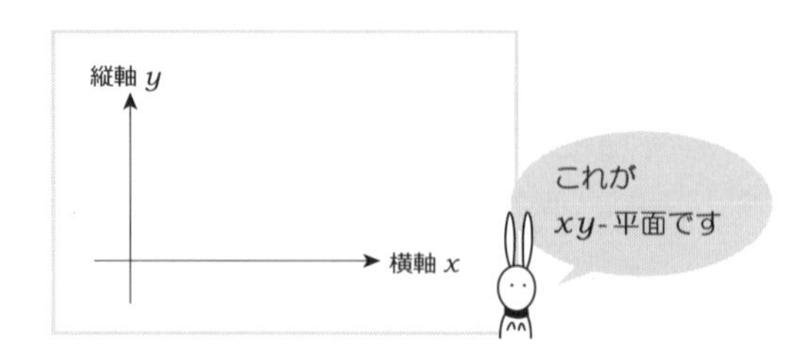

すると，図 3.1.1 ができあがります．
このグラフを**散布図**といいます．

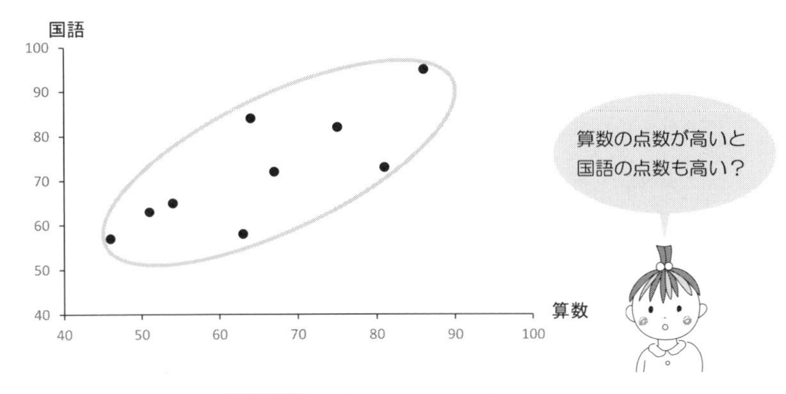

図 3.1.1　散布図によるグラフ表現

この図を見ると，9個の点はなんとなく右上がりに分布しています．
そこで，この9個の点を含むように楕円を描いてみよう．
この散布図からわかることは，

“算数の点数が高いと国語の点数も高いのではないだろうか？”

ということです．
このようなとき，2つの変数の間に**正の相関がある**といいます．

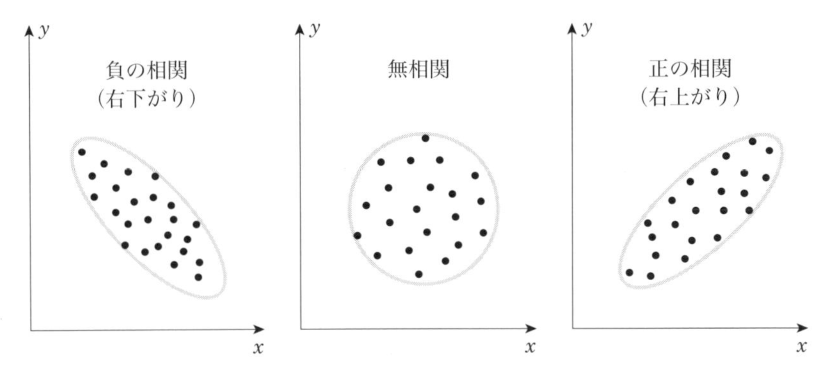

図 3.1.2　いろいろな相関の散布図

すぐわかる散布図の描き方の公式

手順1 データが与えられる.

データ

No.	x	y
1	x_1	y_1
2	x_2	y_2
⋮	⋮	⋮
i	x_i	y_i
⋮	⋮	⋮
N	x_N	y_N

手順2 横軸に x を，縦軸に y をとり，散布図を描く.

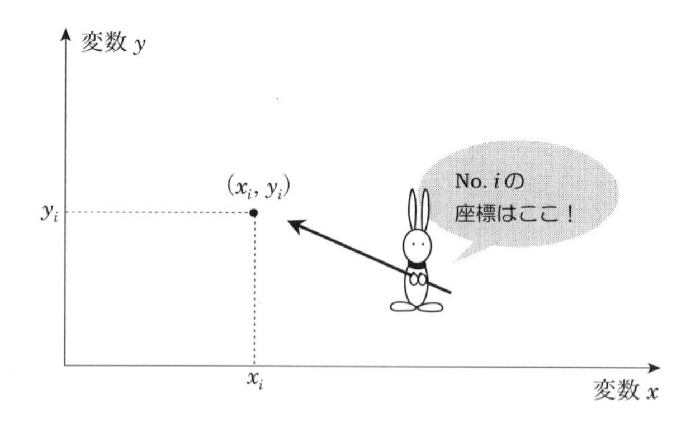

図 3.1.3　散布図と座標の点

例題

散布図の描き方の例題

手順 1　データが与えられたら……

No.	算数	国語
1	51	63
2	46	57
3	67	72
4	54	65
5	81	73
6	86	95
7	64	84
8	75	82
9	63	58

手順 2　横軸に算数を，縦軸に国語をとり，散布図を描くと……

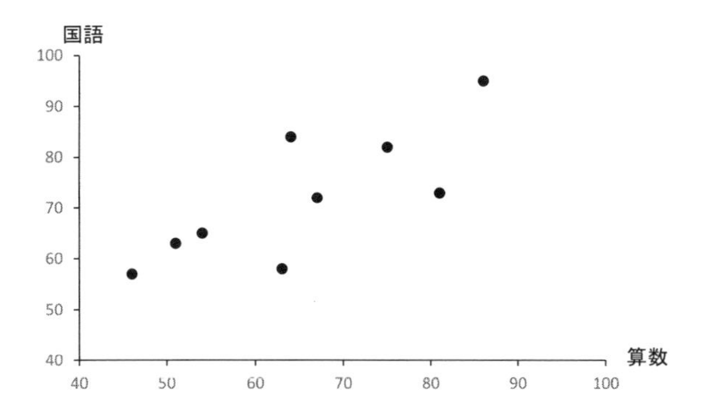

図 3.1.4　算数と国語の散布図

3.2 相関係数から読みとれること

次のデータは，どのように分析すればよいのだろうか？

表 3.2.1　算数と国語のテストの点数

女子児童のグループ

No.	算数	国語
1	51	63
2	46	57
3	67	72
4	54	65
5	81	73
6	86	95
7	64	84
8	75	82
9	63	58

男子児童のグループ

No.	算数	国語
1	50	45
2	55	50
3	60	55
4	85	60
5	70	65
6	75	70
7	80	80
8	90	90

このデータは，算数と国語が対応しているので，散布図を描いてみよう．
2つの散布図は，次のようになります．

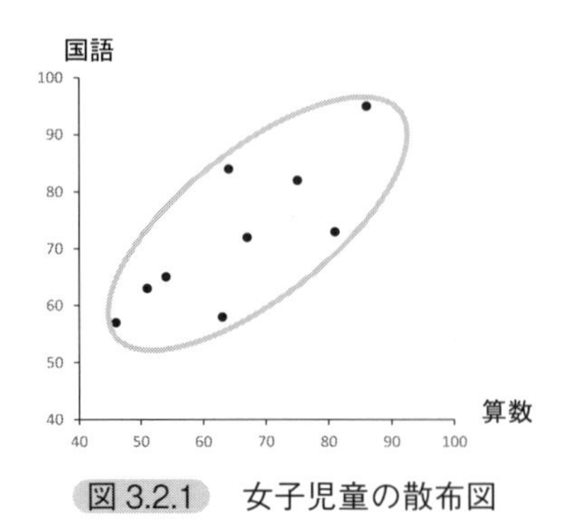

図 3.2.1　女子児童の散布図

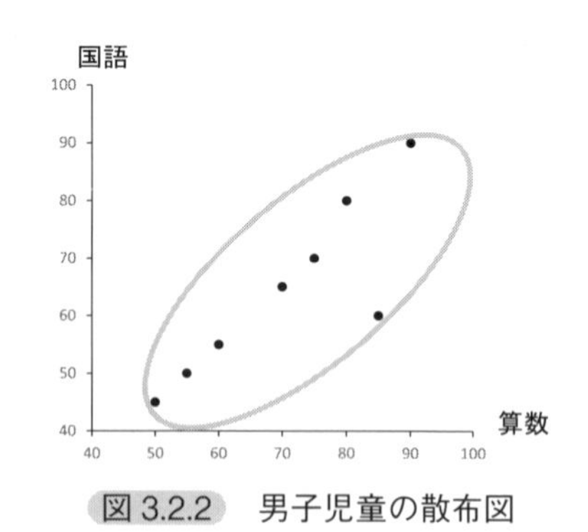

図 3.2.2　男子児童の散布図

2つの散布図を比較してみると，男子児童の散布図の方が，
より強い正の相関がありそう．

しかし，グラフ表現からは，これ以上のことは読み取れません．

それでは，

“相関の程度を数値で表せないだろうか？”

そこで導入された統計量が相関係数 r です．

相関係数 r の定義

$$r=\frac{(x_1-\overline{x})\times(y_1-\overline{y})+\cdots+(x_N-\overline{x})\times(y_N-\overline{y})}{\sqrt{(x_1-\overline{x})^2+\cdots+(x_N-\overline{x})^2}\times\sqrt{(y_1-\overline{y})^2+\cdots+(y_N-\overline{y})^2}}$$

相関係数 r は，２変数 x，y のなす角 θ の $\cos\theta$ を意味しているので，

$$-1\leqq r\leqq 1$$

の間の値をとります．

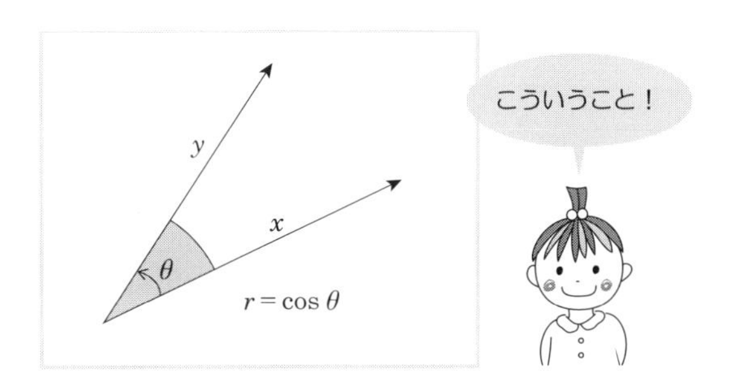

相関係数と散布図の関係は，次のようになります．

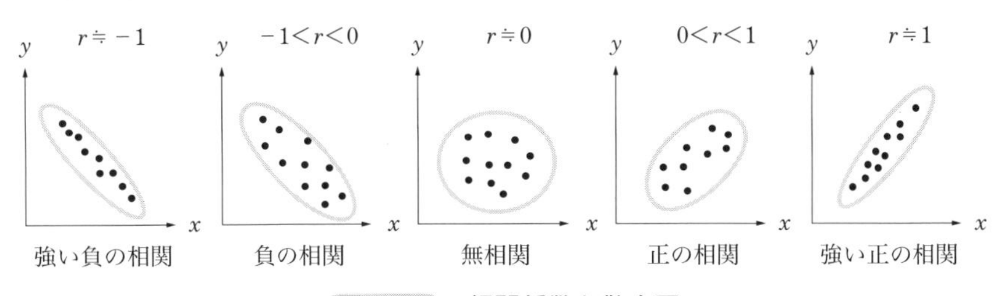

図 3.2.3　相関係数と散布図

すぐわかる相関係数の求め方の公式

手順 1　データから，次の統計量を計算する．

データ

No.	x	y	x^2	y^2	$x\times y$
1	x_1	y_1	${x_1}^2$	${y_1}^2$	$x_1\times y_1$
2	x_2	y_2	${x_2}^2$	${y_2}^2$	$x_2\times y_2$
⋮	⋮	⋮	⋮	⋮	⋮
N	x_N	y_N	${x_N}^2$	${y_N}^2$	$x_N\times y_N$
合計	Σx_i	Σy_i	$\Sigma {x_i}^2$	$\Sigma {y_i}^2$	$\Sigma(x_i\times y_i)$

公式と例題をよく見比べてね～

手順 2　相関係数 r を求める．

$$r=\frac{N\times\Sigma(x_i\times y_i)-(\Sigma x_i)\times(\Sigma y_i)}{\sqrt{\{N\times\Sigma {x_i}^2-(\Sigma x_i)^2\}\times\{N\times\Sigma {y_i}^2-(\Sigma y_i)^2\}}}$$

この相関係数 r を言葉で表現すると……

$0\leqq r\leqq 0.2$　⇔　ほとんど相関がない
$0.2\leqq r\leqq 0.4$　⇔　やや相関がある
$0.4\leqq r\leqq 0.7$　⇔　かなり相関がある
$0.7\leqq r\leqq 1$　⇔　強い相関がある

相関係数の求め方の例題

手順1 データから，次の統計量を計算すると……

No.	算数	国語	x^2	y^2	$x \times y$
1	51	63	2601	3969	3213
2	46	57	2116	3249	2622
3	67	72	4489	5184	4824
4	54	65	2916	4225	3510
5	81	73	6561	5329	5913
6	86	95	7396	9025	8170
7	64	84	4096	7056	5376
8	75	82	5625	6724	6150
9	63	58	3969	3364	3654
合計	587	649	39769	48125	43432

手順2 相関係数 r を求めると……

$$r = \frac{\boxed{9} \times \boxed{43432} - \boxed{587} \times \boxed{649}}{\sqrt{\{\boxed{9} \times \boxed{39769} - (\boxed{587})^2\} \times \{\boxed{9} \times \boxed{48125} - (\boxed{649})^2\}}}$$

$$= \boxed{0.787}$$

したがって，算数と国語の間には，
強い正の相関があることがわかる．

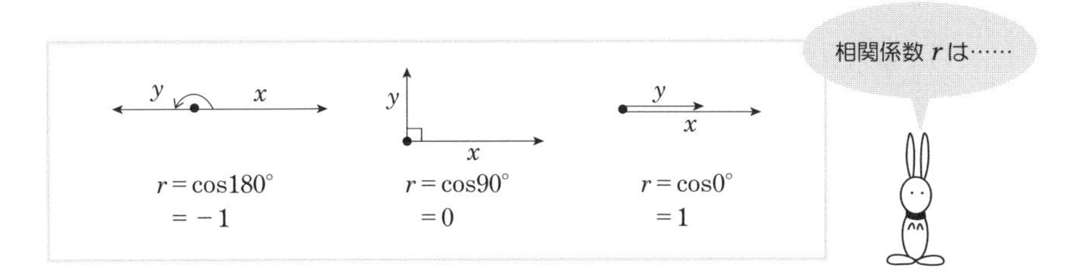

演習

相関係数の求め方の演習

次のデータは，海水の温度とクルマエビの活動時間について調べたものです．

海水の温度が上がると，クルマエビの活動時間も長くなるのだろうか？

そこで，……

海水の温度と活動時間の相関係数 r を求めてみよう．

表 3.2.2　海水温とクルマエビの活動時間

No.	海水温	活動時間
1	30.4	5.7
2	27.2	6.7
3	30.9	7.6
4	22.5	7.7
5	19.0	6.9
6	16.4	4.6
7	12.1	3.6
8	12.7	6.4
9	13.7	7.5
10	23.6	6.4

対応のある
２変数データ

相関係数は

“２つの変数の間の１次式の関係を示している”

ことに注意しよう．

したがって，相関係数 r が０に近いからといって，

“２つの変数の間にどのような関係も存在しない”

といっているわけではありません．

演習

手順 1 データから，次の統計量を計算しよう.

No.	海水温 x	活動時間 y	x^2	y^2	$x \times y$
1	30.4	5.7			
2	27.2	6.7			
3	30.9	7.6			
4	22.5	7.7			
5	19.0	6.9			
6	16.4	4.6			
7	12.1	3.6			
8	12.7	6.4			
9	13.7	7.5			
10	23.6	6.4			
合計					

手順 2 相関係数 r を求めよう.

$$r = \frac{\square \times \square - \square \times \square}{\sqrt{\{\square \times \square - \square^2\} \times \{\square \times \square - \square^2\}}}$$

$$= \square$$

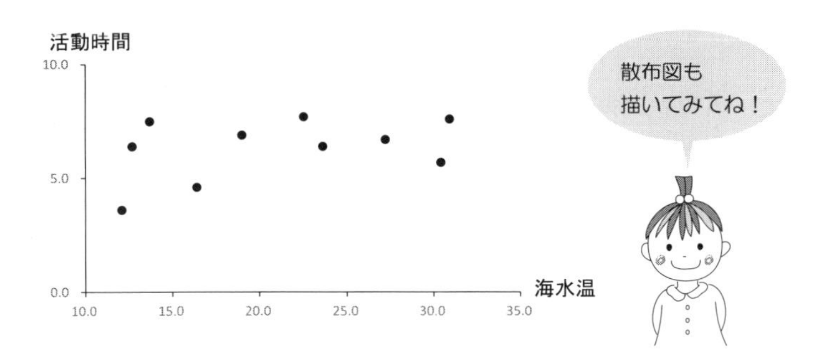

3.3 順位相関って何だろう

次のデータは，どのように分析すればよいのだろうか？

表 3.3.1　算数の順位と国語の順位

No.	算数	国語
1	8	7
2	9	9
3	4	5
4	7	6
5	2	4
6	1	1
7	5	2
8	3	3
9	6	8

この表は９人の成績の順位です
順位からでも２変数の関係が読み取れます

データといえば

実験や観測による測定値

が一般的ですが，このデータは

“順位”

で与えられています．

こういうときはノンパラメトリック検定ですね

このようなとき

“２組の順位の間にどのような関係があるのか？”

を調べる方法として

- スピアマンの順位相関係数
- ケンドールの順位相関係数

が知られています．

2組の順位を

8	7
9	9
⋮	⋮
6	8

⇒

a_1	b_1
a_2	b_2
⋮	⋮
a_N	b_N

⇒

(a_1, b_1)
(a_2, b_2)
⋮
(a_N, b_N)

とすると……

スピアマンの順位相関係数 r_s の定義

$$r_s = 1 - \frac{6 \times \Sigma\,(a_i - b_i)^2}{N \times (N^2 - 1)}$$

a_i, b_iは
1からNまでの
順位です

ケンドールの順位相関係数 τ_a の定義

$$\tau_a = \frac{2 \times (P - Q)}{N \times (N - 1)}$$

ただし，2組の順位 (a_i, b_i)，(a_j, b_j) に対し

$$\begin{cases} a_i < a_j \text{ and } b_i < b_j & \Rightarrow \quad + \\ a_i > a_j \text{ and } b_i > b_j & \Rightarrow \quad + \end{cases}$$

$$\begin{cases} a_i < a_j \text{ and } b_i > b_j & \Rightarrow \quad - \\ a_i > a_j \text{ and } b_i < b_j & \Rightarrow \quad - \end{cases}$$

と符号＋，－を定めたとき，次のようにする．

P ＝＋の組の個数

Q ＝－の組の個数

全部で $\frac{N\times(N-1)}{2}$ 通りの
組み合わせなので
$\tau_a = \frac{P-Q}{\frac{N\times(N-1)}{2}}$
たいていは
$|r_s| \geqq |\tau_a|$
となります

すぐわかるスピアマンの順位相関係数の公式

手順 1　データの順位から，次の統計量を計算する．

データの順位

No.	xの順位 a	yの順位 b	$a-b$	$(a-b)^2$
1	a_1	b_1	a_1-b_1	$(a_1-b_1)^2$
2	a_2	b_2	a_2-b_2	$(a_2-b_2)^2$
⋮	⋮	⋮	⋮	⋮
N	a_N	b_N	a_N-b_N	$(a_N-b_N)^2$
合計				$\Sigma(a_i-b_i)^2$

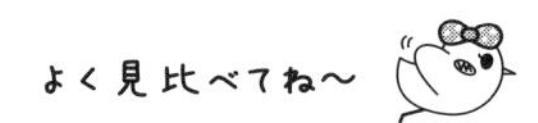
よく見比べてね～

手順 2　スピアマンの順位相関係数 r_s を求める．

$$r_s = 1 - \frac{6 \times \Sigma(a_i-b_i)^2}{N \times (N^2-1)}$$

同順位が
存在するときは
計算式が異なります
同じ順位が
あるときの計算は
統計解析用ソフトに
まかせてね！

例題

スピアマンの順位相関係数の求め方の例題

手順 1　データの順位から，次の統計量を計算すると……

No.	算数 a	国語 b	$a-b$	$(a-b)^2$
1	8	7	1	1
2	9	9	0	0
3	4	5	−1	1
4	7	6	1	1
5	2	4	−2	4
6	1	1	0	0
7	5	2	3	9
8	3	3	0	0
9	6	8	−2	4
合計				20

手順 2　スピアマンの順位相関係数 r_s を求めると……

$$r_s = 1 - \frac{6 \times \boxed{20}}{\boxed{9} \times (\boxed{9}^2 - 1)} = \boxed{0.833}$$

すぐわかるケンドールの順位相関係数の公式

手順 1　データの順位が与えられる．

データの順位

No.	x の順位	y の順位
1	a_1	b_1
2	a_2	b_2
⋮	⋮	⋮
N	a_N	b_N

手順 2　次のすべての組み合わせに対し，“+”，“−” を調べる．

	(a_2, b_2)	(a_3, b_3)	…	(a_N, b_N)
(a_1, b_1)			…	
(a_2, b_2)			…	
⋮	⋮	⋮	⋮	⋮
(a_{N-1}, b_{N-1})			…	

ただし，

(a_i, b_i) と (a_j, b_j) に対し
$$\begin{cases} a_i < a_j \text{ and } b_i < b_j & \Rightarrow \quad + \\ a_i > a_j \text{ and } b_i > b_j & \Rightarrow \quad + \end{cases}$$
$$\begin{cases} a_i < a_j \text{ and } b_i > b_j & \Rightarrow \quad - \\ a_i > a_j \text{ and } b_i < b_j & \Rightarrow \quad - \end{cases}$$

手順 3　ケンドールの順位相関係数 τ_a を求める．

$$\tau_a = \frac{2 \times (P - Q)}{N \times (N-1)}$$

ただし，P = +の個数

Q = −の個数

例題

ケンドールの順位相関係数の求め方の例題

手順1　データの順位（表3.3.1）が与えられると……

手順2　次のすべての組み合わせに対し，“+”，“−”を調べると……

	(9, 9)	(4, 5)	(7, 6)	(2, 4)	(1, 1)	(5, 2)	(3, 3)	(6, 8)
(8, 7)	+	+	+	+	+	+	+	−
(9, 9)		+	+	+	+	+	+	+
(4, 5)			+	+	+	−	+	+
(7, 6)				+	+	+	+	−
(2, 4)					+	−	−	+
(1, 1)						+	+	+
(5, 2)							−	+
(3, 3)								+

手順3　ケンドールの順位相関係数を求めるために

P = +の個数，Q = −の個数を数えると……

$$P = \boxed{30}, \qquad Q = \boxed{6}$$

したがって，ケンドールの順位相関係数 τ_a は……

$$\tau_a = \frac{2 \times (\boxed{30} - \boxed{6})}{\boxed{9} \times (\boxed{9} - 1)} = \boxed{0.667}$$

スピアマンの順位相関係数の求め方の演習

次のデータは，９ヶ国における年間実労働時間と１人当たりの国民所得を調査したものです．

そこで，……

労働時間と国民所得についてスピアマンの順位相関係数を求めてみよう．

表 3.3.2　年間実労働時間と国民所得

国	労働時間	国民所得
A国	2152	7692
B国	1898	11287
C国	1938	5999
D国	1613	8116
E国	1657	7150
F国	1997	3424
G国	2018	2183
H国	2371	1188
I国	2829	1454

このデータは
対応のある
２変数データです

はじめに
データを順位に
置き換えましょう

演習

手順 1　データの順位から，次の統計量を計算しよう．

国	時間 a	所得 b	$a-b$	$(a-b)^2$
1				
2	3	9		$(3-9)^2=36$
3				
4				
5				
6				
7				
8				
9				
合　計				

手順 2　スピアマンの順位相関係数 r_s を求めよう．

$$r_s = 1 - \frac{6 \times \square}{\square \times (\square^2 - 1)}$$

$$= \square$$

ケンドールの
順位相関係数は
こうなりました

【SPSS の結果】

Correlations

			労働時間	国民所得
Kendall's tau_b	労働時間	Correlation	1.000	-.611*
		Sig.		0.022
		N	9	9
	国民所得	Correlation	-.611*	1.000
		Sig.	0.022	
		N	9	9
Spearman's rho	労働時間	Correlation	1.000	-.750*
		Sig.		0.020
		N	9	9
	国民所得	Correlation Coeffici	-.750*	1.000
		Sig.	0.020	
		N	9	9

*. Correlation is significant at the 0.05 level (2-tailed).

3.4 無相関の検定をしてみよう

次の標本データは，どのように分析すればよいのだろうか？

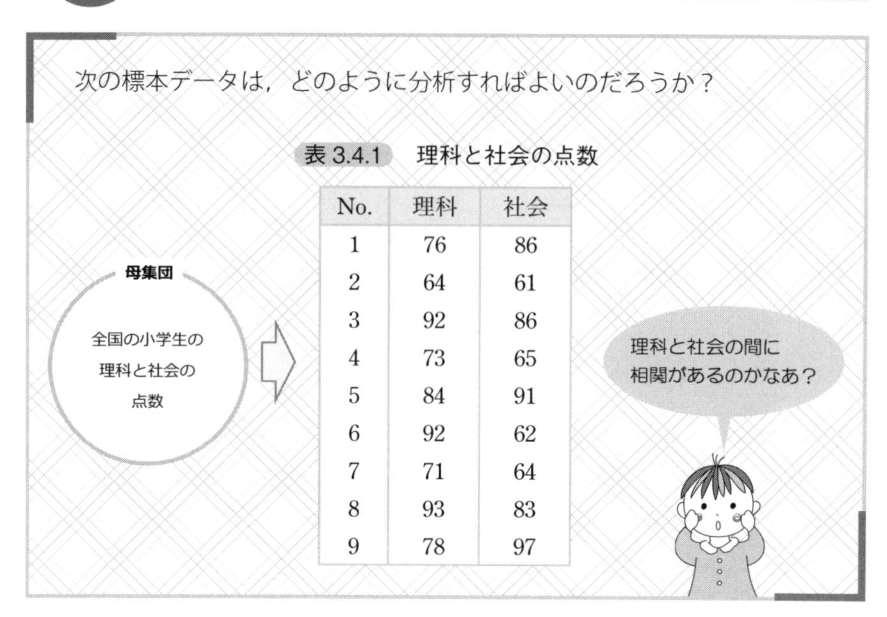

表 3.4.1　理科と社会の点数

No.	理科	社会
1	76	86
2	64	61
3	92	86
4	73	65
5	84	91
6	92	62
7	71	64
8	93	83
9	78	97

はじめに，散布図を描いてみると……

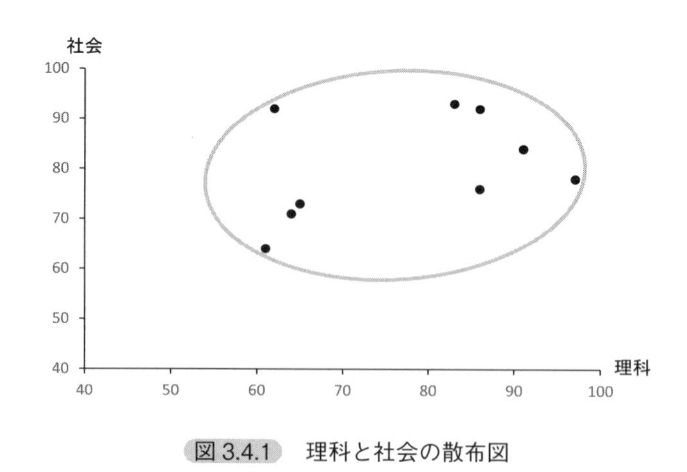

図 3.4.1　理科と社会の散布図

この散布図からは，相関があるのかどうか，はっきりとしないので……

そこで，標本相関係数 r を求めてみよう．

$$r = 0.375$$

この値をみると，やや正の相関があるように思われます．

このようなとき，もう一歩進んで，

“理科と社会の間に相関があるかどうか？”

を検定してみることにしよう．

この検定は，

仮説　　H_0：変数 x と変数 y の間に相関がない

対立仮説 H_1：変数 x と変数 y の間に相関がある

のように仮説をたてます．

これが
無相関の検定です

仮説の検定に
ついては第７章を
参照してください

次に，検定統計量

$$T(r) = \frac{r \times \sqrt{N-2}}{\sqrt{1-r^2}}$$

$$\Leftarrow T(r) = \frac{0.375 \times \sqrt{9-2}}{\sqrt{1-0.375^2}}$$

を求めます．

仮説 H_0 が成り立つとき，この検定統計量の分布は

“自由度 $N-2$ の t 分布になる”

ことが知られているので……

検定統計量 $T(r)$ の値が，次の棄却域の範囲に入れば，
仮説 H_0 を棄てます．

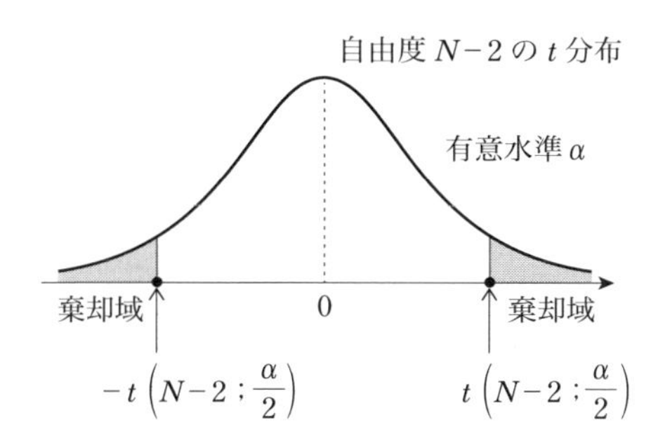

図 3.4.2　無相関の検定の棄却域

つまり
相関がある
ということ！

すぐわかる無相関の検定の公式

手順 1　仮説と対立仮説をたてる．

仮説　　H_0：2変数 x と y の間に相関がない

対立仮説 H_1：2変数 x と y の間に相関がある

手順 2　標本データから，標本相関係数 r を計算する．

標本相関係数 r = □

手順 3　検定統計量 $T(r)$ を求める．

$$T(r) = \frac{r \times \sqrt{N-2}}{\sqrt{1-r^2}}$$

手順 4　有意水準 α を決め，検定統計量 $T(r)$ が，
次の棄却域に入れば，仮説 H_0 を棄てる．

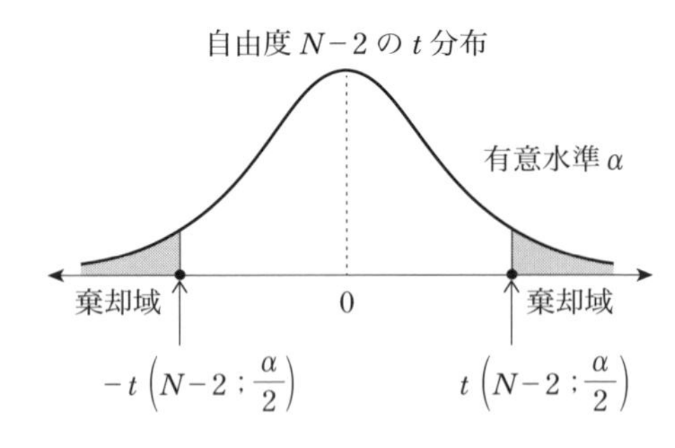

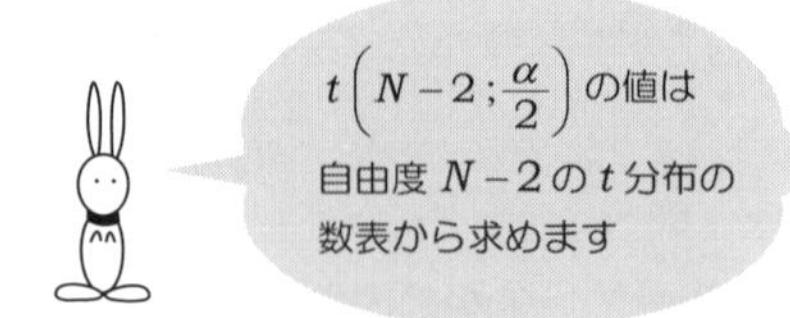

無相関の検定の例題

手順 1　仮説と対立仮説をたてると……

仮説　　　H_0：理科と社会の点数の間に相関がない

対立仮説 H_1：理科と社会の点数の間に相関がある

手順 2　標本データから，標本相関係数 r を計算すると……

No.	理科	社会	x^2	y^2	$x \times y$
1	86	76	7396	5776	6536
⋮	⋮	⋮	⋮	⋮	⋮
9	97	78	9409	6084	7566
合計	695	723	55257	58959	56274

標本相関係数 $r = \boxed{0.375}$

手順 3　検定統計量 $T(r)$ を求めると……

$$T(r) = \frac{\boxed{0.375} \times \sqrt{\boxed{9} - 2}}{\sqrt{1 - \boxed{0.375}^2}} = \boxed{1.070}$$

手順 4　有意水準を $\alpha = 0.05$ とし，$t(\boxed{9} - 2\,;\,\boxed{0.025})$ を

自由度 8 の t 分布の数表から求めると

$$|T(r)| = \boxed{1.070} \overset{\text{不等号}}{\boxed{<}} t(\boxed{9} - 2\,;\,\boxed{0.025}) = \boxed{2.365}$$

となるので，仮説 H_0 は棄てられない．

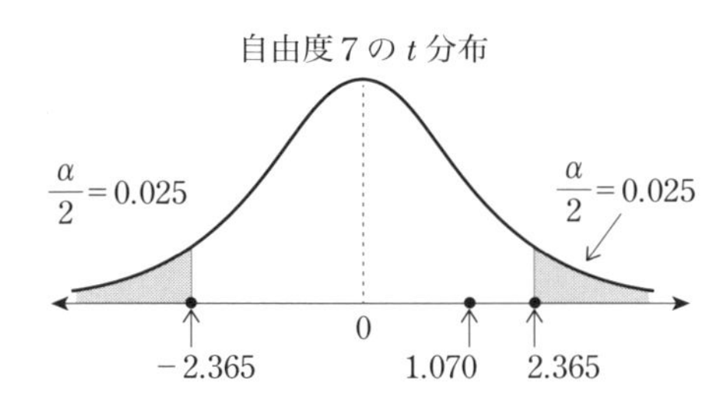

したがって，理科と社会の間に相関があるとはいえない．

無相関の検定の演習

次のデータは，８台の自動車について加速時間と
自動車の燃費の関係を調査したものです．

そこで，……

加速時間と燃費の間に相関があるかどうか検定してみよう．

表 3.4.2　自動車の加速時間と燃費

No.	加速時間	燃費
1	14.7	6.3
2	15.8	7.1
3	16.2	5.6
4	16.8	6.7
5	17.0	9.1
6	16.8	9.0
7	15.4	5.0
8	17.4	6.3

データ数を多くすると，
標本相関係数が $r = 0.1$ 程度でも
仮説 H_0 が棄却され
“相関がある”
となります．

データ数が多くなると
詳しくわかるから……
かなぁ？

手順 1　仮説と対立仮説をたてよう．

仮説　　H_0：加速時間と燃費の間に相関がない

対立仮説 H_1：加速時間と燃費の間に相関がある

手順 2　標本データから，次の統計量を計算しよう．

No.	加速時間 x	燃費 y	x^2	y^2	$x \times y$
1	14.7	6.3			
2	15.8	7.1			
3	16.2	5.6			
4	16.8	6.7			
5	17.0	9.1			
6	16.8	9.0			
7	15.4	5.0			
8	17.4	6.3			
合計					

手順 3　相関係数 r と検定統計量 $T(r)$ を求めよう．

$$r = \frac{\square \times \square - \square \times \square}{\sqrt{\{\square \times \square - \square^2\} \times \{\square \times \square - \square^2\}}} = \square$$

$$T(r) = \frac{\square \times \sqrt{\square - 2}}{\sqrt{1 - \square^2}} = \square$$

手順 4　有意水準を $\alpha = 0.05$ とすると

$$|T(r)| = \square \ \underset{}{\overset{\text{不等号}}{\square}} \ t(N-2\,;\,0.025) = \square$$

なので，仮説 H_0 は $\square$．

第4章

データの正規性を調べる

正規母集団

4.1 正規確率紙を利用しよう

表 4.1.1 国語の点数

No.	国語
1	63
2	57
3	72
4	65
5	73
6	95
7	84
8	82
9	58

この9個のデータは，

“全国の小学生の国語の点数”

から抽出された標本データです.

このようなとき，全国の小学生の国語の点数の集まりを

母集団

といいます.

このとき問題となるのは，

“この母集団の分布は正規分布だろうか？”

ということです.

解説

統計的推定や統計的検定をおこなうときは,

“母集団の分布は正規分布に従っている”

という大前提がついています.

研究対象となる母集団が正規分布かどうかを調べたいとき便利な手法が**正規確率紙**を利用することです.

この正規確率紙を用いると

“母集団の分布を正規分布とみなしてよいか？”

をひとめで判定することができます.

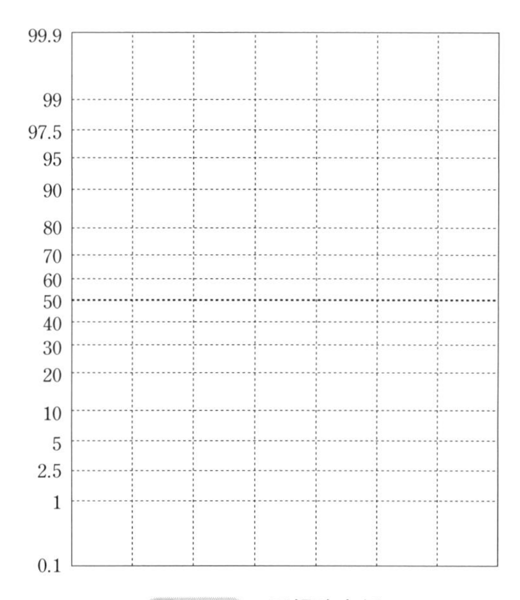

図 4.1.1　正規確率紙

目盛りは
0.1 から 99.9 に
なっています！

すぐわかる正規確率紙の描き方の公式——その①

手順 1　データを大きさの順に並べ替える．

データ

No.	x
1	x_1
2	x_2
⋮	⋮
N	x_N

⇒

大きさの順

No.	x
1	$x_{(1)}$
2	$x_{(2)}$
⋮	⋮
N	$x_{(N)}$

⬆大きさの順に並べ換える

$x_{(1)} \leqq x_{(2)} \leqq \cdots \leqq x_{(N)}$

手順 2　次の値を計算する．

No.	1	2	⋯	N
$\dfrac{2\times i-1}{N}\times 100$	$\dfrac{2\times 1-1}{2N}\times 100$	$\dfrac{2\times 2-1}{2N}\times 100$	⋯	$\dfrac{2\times N-1}{2N}\times 100$

手順 3　正規確率紙の上に，次の座標の点を描く．

横軸　縦軸

$$\left(x_{(1)}, \frac{2\times 1-1}{2N}\times 100\right),\ \left(x_{(2)}, \frac{2\times 2-1}{2N}\times 100\right), \cdots \left(x_{(N)}, \frac{2\times N-1}{N}\times 100\right)$$

⬆ $\dfrac{i}{N+1}$ とする描き方もある

この N 個の点が直線上に並べば，

“母集団の分布は正規分布に従っている”

とする．

例題

正規確率紙の描き方の例題――その①

手順 1　データを大きさの順に並べ替えると……

No.	1	2	3	4	5	6	7	8	9
$x_{(i)}$	57	58	63	65	72	73	82	84	95

手順 2　次の値を計算をすると……

No.	1	2	3	4	5	6	7	8	9
$\frac{2\times i-1}{N}\times 100$	5.6	16.7	27.8	38.9	50.0	61.1	72.2	83.3	94.4

手順 3　各点を正規確率紙の上に描くと……

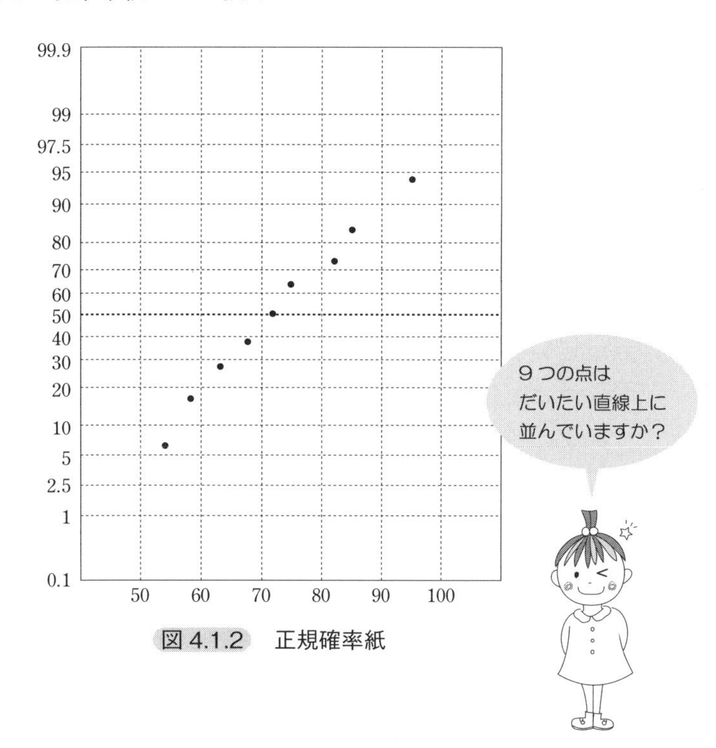

図 4.1.2　正規確率紙

すぐわかる正規確率紙の描き方の公式――その②

手順1　度数分布表のデータから，階級値と累積相対度数を計算する．

度数分布表のデータ

階級	度数
$a_0 \sim a_1$	f_1
$a_1 \sim a_2$	f_2
$\vdots$	$\vdots$
$a_{i-1} \sim a_i$	f_i
$\vdots$	$\vdots$
$a_{n-1} \sim a_n$	f_n

⇒

階級値	累積相対度数
$\dfrac{a_0+a_1}{2}$	$\dfrac{f_1}{N}\times 100$
$\dfrac{a_1+a_2}{2}$	$\dfrac{f_1+f_2}{N}\times 100$
$\vdots$	$\vdots$
$\dfrac{a_{i-1}+a_i}{2}$	$\dfrac{f_1+f_2+\cdots+f_i}{N}\times 100$
$\vdots$	$\vdots$
$\dfrac{a_{n-1}+a_n}{2}$	$\dfrac{f_1+f_2+\cdots+f_n}{N}\times 100$

⬆ $N=f_1+f_2+\cdots+f_n$

手順2　正規確率紙の上に，次の座標の点を描く．

$$\left(\frac{a_{i-1}+a_i}{2},\ \frac{f_1+f_2+\cdots+f_i}{N}\times 100 \right)$$

⬆階級値を横軸　⬆累積相対度数を縦軸

メジアンランクを
用いる場合も
あります

手順3　n 個の点が直線上に並んでいるときは，

“母集団の分布は正規分布に従っている”

とする．

正規確率紙の描き方の例題——その②

手順 1　度数分布表のデータから
階級値と累積相対度数を計算して……

階級	度数
40～50	3
50～60	9
60～70	17
70～80	16
80～90	11
90～100	4

⇒

階級値	累積相対度数
45	5.0%
55	20.0%
65	48.3%
75	75.0%
85	93.3%
95	100.0%

手順 2　正規確率紙の上に，
階級値を横軸に，累積相対度数を縦軸に描くと……

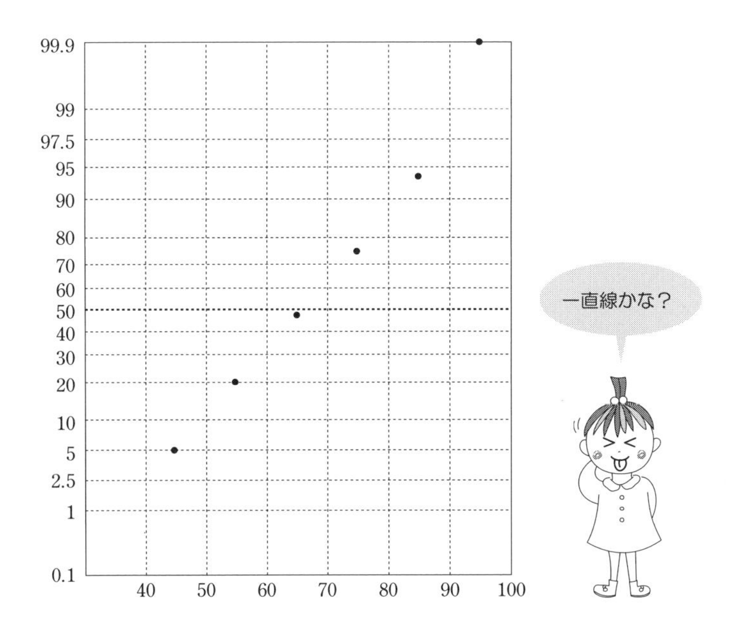

手順 3　6個の点が直線上に並んでいるので，母集団の分布は正規分布である．

正規確率紙の描き方の演習

次のデータは，20 人の新生児体重です．

表 4.1.3　20 人の新生児体重

No.	1	2	3	4	5	6	7	8	9	10
体　重	3470	2550	2920	2530	3280	2840	2520	3350	3610	3430

No.	11	12	13	14	15	16	17	18	19	20
体　重	3020	3320	2790	3050	3620	3260	3320	3800	2640	3360

新生児体重の分布は正規分布に従っているのでしょうか？

そこで，……

正規確率紙を使って，新生児体重の分布が
正規分布に従っているといえるのかどうか調べてみよう．

正規分布～

体重は $\sqrt[3]{体重}$ のように
変数変換すると
正規分布に従うと
いわれています

身長の分布は
正規分布に従っています

手順1 データを大きさの順に並べ，$\dfrac{2i-1}{2N}\times 100$ を計算しよう．

体重	2520	2530	2550	2640	2790	2840	2920	3020	3050	3260
$\dfrac{2\times i-1}{2N}\times 100$										

体重	3280	3320	3320	3350	3360	3430	3470	3610	3620	3800
$\dfrac{2\times i-1}{2N}\times 100$										

手順2 この 20 個の点を正規確率紙の上に描こう．

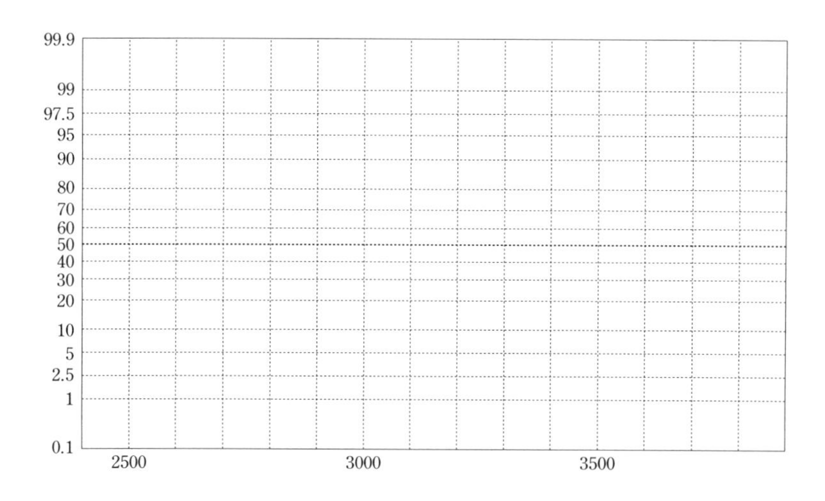

手順3 20 個の点が直線上に並んでいるか，調べよう．

4.2 歪度と尖度を計算してみると……

区間推定や仮説の検定をするとき，まず問題となるのは

“その母集団は正規分布に従っているか？”

という点です．

このようなとき，母集団の正規性を調べる方法として

1．**正規確率紙**

正規確率紙の上にデータをとり，その点が直線に並べば，母集団は正規分布とみなす．

2．**歪度（わいど）と尖度（せんど）**

データから，歪度 g_1 と尖度 g_2 を求め

$$g_1 \fallingdotseq 0, \quad g_2 \fallingdotseq 0$$

ならば，母集団は正規分布に近いと考える．

3．**適合度検定**

“母集団は正規分布に従っている”と仮説をたてる．

などが知られています．

歪度や尖度の計算には，次のような統計量が必要です．

平均値 $\overline{x}$ との差の2乗和 $M_2 = \sum_{i=1}^{N} (x_i - \overline{x})^2$

平均値 $\overline{x}$ との差の3乗和 $M_3 = \sum_{i=1}^{N} (x_i - \overline{x})^3$

平均値 $\overline{x}$ との差の4乗和 $M_4 = \sum_{i=1}^{N} (x_i - \overline{x})^4$

解説

ここでは，歪度 g_1 と尖度 g_2 を利用して，正規性を調べてみよう．

歪度 g_1——分布の対称性がわかる

歪度 g_1 は分布の対称性を示す統計量です．

分布の形が左右対称のとき，$g_1 = 0$ になります．

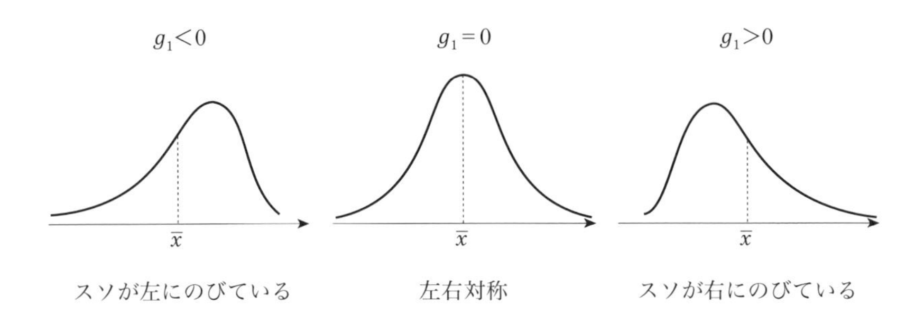

尖度 g_2——分布のスソの長さがわかる

尖度 g_2 は分布のスソの長さを示す統計量です．

正規分布の尖度は $g_2 = 0$ になります．

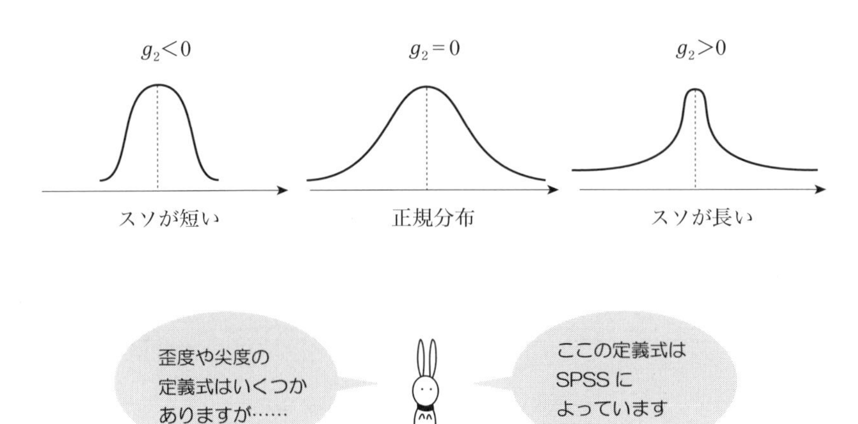

次のページを見てね～

歪度と尖度の求め方の公式

手順 0　はじめに，標本平均と標本標準偏差を求めておく．

$$\text{標本平均 } \bar{x} = \frac{\Sigma x_i}{N}$$

$$\text{標本標準偏差 } s = \sqrt{\frac{\sum_{i=1}^{N}(x_i - \bar{x})^2}{N-1}} = \sqrt{\frac{M_2}{N-1}}$$

手順 1　データから，次の統計量を計算する．

No.	x	$x-\bar{x}$	2乗	3乗	4乗
1	x_1	$x_1-\bar{x}$	$(x_1-\bar{x})^2$	$(x_1-\bar{x})^3$	$(x_1-\bar{x})^4$
2	x_2	$x_2-\bar{x}$	$(x_2-\bar{x})^2$	$(x_2-\bar{x})^3$	$(x_2-\bar{x})^4$
⋮	⋮	⋮	⋮	⋮	⋮
N	x_N	$x_N-\bar{x}$	$(x_N-\bar{x})^2$	$(x_N-\bar{x})^3$	$(x_N-\bar{x})^4$
合計	Σx_i		$\Sigma(x_i-\bar{x})^2$	$\Sigma(x_i-\bar{x})^3$	$\Sigma(x_i-\bar{x})^4$
			↑ M_2	↑ M_3	↑ M_4

手順 2　歪度と尖度を計算する．

$$\text{歪度 } g_1 = \frac{N \times M_3}{(N-1) \times (N-2) \times s^3}$$

$$\text{尖度 } g_2 = \frac{N \times (N+1) \times M_4 - 3 \times (N-1) \times M_2^2}{(N-1) \times (N-2) \times (N-3) \times s^4}$$

歪度と尖度の求め方の例題

手順 0　はじめに，標本平均と標本標準偏差を求めておくと……

標本平均 $\bar{x}$ ＝ 72.11

標本標準偏差 s ＝ 12.87　　⬅ $s = \sqrt{\dfrac{1324.89}{9-1}}$

手順 1　データから，次の統計量を計算すると……

No.	x	$x-\bar{x}$	2乗	3乗	4乗
1	63	−9.11	82.99	−756.058	6887.6887
2	57	−15.11	228.31	−3449.796	52126.4150
3	72	−0.11	0.01	−0.001	0.0001
4	65	−7.11	50.55	−359.425	2555.5148
5	73	0.89	0.79	0.705	0.6274
6	95	22.89	523.95	11993.264	274525.8031
7	84	11.89	141.37	1680.914	19986.0707
8	82	9.89	97.81	967.362	9567.2069
9	58	−14.11	199.09	−2809.190	39637.6643
合計	649		1324.89	7267.774	405286.9910
			⬆ M_2	⬆ M_3	⬆ M_4

手順 2　歪度と尖度を計算すると……

$$\text{歪度 } g_1 = \frac{\boxed{9} \times \boxed{7267.774}}{(\boxed{9}-1)\times(\boxed{9}-2)\times\boxed{12.87}^3} = \boxed{0.548}$$

$$\text{尖度 } g_2 = \frac{\boxed{9}\times(\boxed{9}+1)\times\boxed{7267.774} - 3\times(\boxed{9}-1)\times\boxed{1324.89}^2}{(\boxed{9}-1)\times(\boxed{9}-2)\times(\boxed{9}-3)\times\boxed{12.87}^4}$$

$$= \boxed{-0.613}$$

Excel では
歪度　0.547718
尖度　−0.613624

SPSS では
歪度　0.547719
尖度　−0.61364

4.3 データを正規分布に近づけよう──◉データの変換

区間推定や仮説の検定をおこなうとき，母集団の分布に正規性を仮定します．

したがって，正規分布に従っていない場合，なんらかの方法でデータを変換し，正規分布に近づけておく必要があります．

ここではその方法として，対数変換とボックス・コックス変換の２つを紹介します．

対数変換

対数変換は
生物学や化学など
多くの研究分野で
利用されています

対数関数 log を使って，データ x を

$$x \longmapsto \log_e x$$

と変換するだけです．

表 4.3.1 対数変換前

$x_{(i)}$
57
58
63
65
72
73
82
84
95

↑
大きさの順

$\log_e x$ ⟹

表 4.3.2 対数変換後

$\log_e x_{(i)}$
4.04
4.06
4.14
4.17
4.28
4.29
4.41
4.43
4.55

変換前と変換後のデータを
それぞれ正規確率紙に描いて
見比べてみよう！

ボックス・コックス変換

次のようなデータの変換を**ボックス・コックス変換**といいます.

$$x \longmapsto x^{(\lambda)} = \begin{cases} \dfrac{x^{\lambda}-1}{\lambda} & \cdots\cdots \ \lambda \neq 0 \\ \log_e x & \cdots\cdots \ \lambda = 0 \end{cases}$$

この変換を利用すると, 正規分布に近づけることができます.

ところで, この λ の値は?

ボックス・
コックス変換には
いろいろなタイプが
あります

この λ の値は, データ

$$\{x_1, x_2, \cdots, x_N\}$$

に対し, 関数 $L_{\max}(\lambda)$

$$L_{\max}(\lambda) = -\frac{1}{2}N \times \log_e \frac{S(\lambda\,;\,x)}{N} + \log_e J(\lambda\,;\,x)$$

ただし, $\begin{cases} S(\lambda\,;\,x) = \displaystyle\sum_{i=1}^{N} (x_i^{(\lambda)} - \overline{x}^{(\lambda)})^2 \\ J(\lambda\,;\,x) = \displaystyle\prod_{i=1}^{N} x_i^{\lambda-1} \end{cases}$

を最大にする λ_0 とします.

このとき, λ_0 によって変換されたデータ

$$\{x_1^{(\lambda_0)}, \ x_2^{(\lambda_0)}, \ \cdots, \ x_N^{(\lambda_0)}\}$$

はいろいろなデータの変換の中で

“最も正規分布に近い変換になる”

ことが証明されています.

これは便利そう
だけど……

λ_0 の求め方は
どうするの?
ムリムリ…

解説

4.4 測定ミス？——◉外れ値の棄却検定

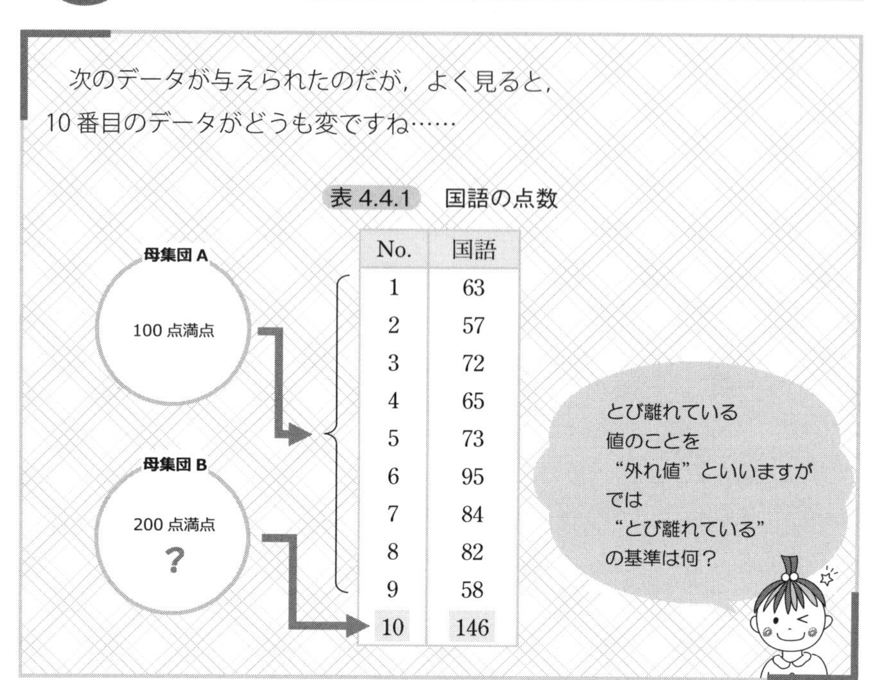

表4.4.1 国語の点数

No.	国語
1	63
2	57
3	72
4	65
5	73
6	95
7	84
8	82
9	58
10	146

10番目のデータは大きすぎないだろうか？　もしかしたら

"これは外れ値？"

拡大鏡

外れ値の基準は，SPSSでは次のようになっています．

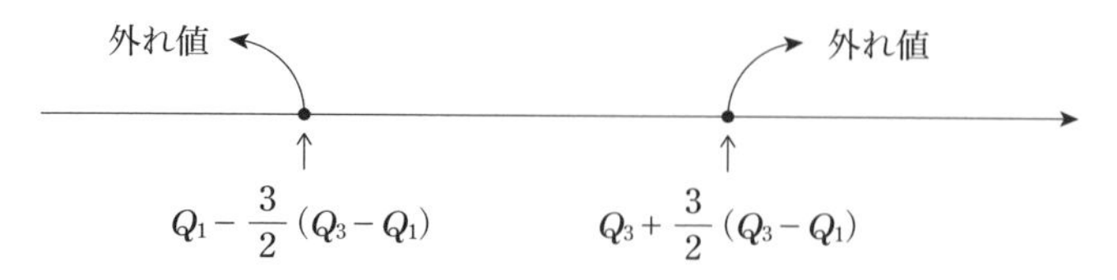

ただし，$Q_1 = 25\%$点，$Q_3 = 75\%$点

このようなときのために，**グラブスの棄却検定**があります．

グラブスの棄却検定は，

k 番目のデータ x_k が**とび離れている**

と思われるとき

仮説　　H_0：x_k は同じ母集団からの標本である

対立仮説 H_1：x_k は別の母集団からの標本である

のように仮説をたてます．

この仮説が棄却されたら

x_k は外れ値

とみなし，分析から除きます．

“スミルノフ・グラブスの検定”といいます

ところで，“とび離れている”とは

何らかの基準から離れている

ということなので，

基準を決めておく必要があります．

その基準は

“母集団の分布は正規分布に従っている”

となります．

外れ値を調べる方法としては，正規確率紙の利用が

最も簡単でわかりやすいでしょう!!

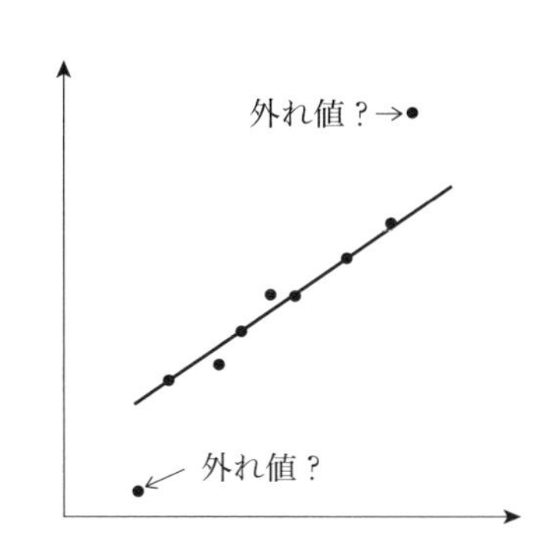

図 4.4.1　正規確率紙による外れ値の発見

すぐわかるグラブスの棄却検定の公式

手順1　仮説と対立仮説をたてる．

仮説　　H_0：データ x_k は外れ値でない

対立仮説 H_1：データ x_k は外れ値である

手順2　データから，次の統計量を計算する．

大きさの順に並べる

No.	x	x^2
1	$x_{(1)}$	${x_{(1)}}^2$
2	$x_{(2)}$	${x_{(2)}}^2$
⋮	⋮	⋮
N	$x_{(N)}$	${x_{(N)}}^2$
合計	$\Sigma x_{(i)}$	$\Sigma {x_{(i)}}^2$

標本平均

$$\bar{x} = \frac{\Sigma x_{(i)}}{N}$$

標本分散

$$s^2 = \frac{N \times \Sigma {x_{(i)}}^2 - (\Sigma x_{(i)})^2}{N \times (N-1)}$$

標本標準偏差

$$s = \sqrt{s^2}$$

手順3　検定統計量 T を求める．

x_k が最小値のとき

$$T = \frac{\bar{x} - x_k}{s}$$

x_k が最大値のとき

$$T = \frac{x_k - \bar{x}}{s}$$

手順4　有意水準 α に対し，グラブスの棄却検定の数表から $G(N,\ \alpha)$ を求め

$$T \geqq G(N,\ \alpha)$$

のとき，仮説 H_0 を棄てる．

グラブスの棄却検定の例題

手順1　仮説と対立仮説をたてると……

仮説　　H_0：データ $x_{10}=146$ は外れ値でない

対立仮説 H_1：データ $x_{10}=146$ は外れ値である

手順2　データから，次の統計量を計算すると……

No.	$x_{(i)}$	2乗
2	57	3249
9	58	3364
1	63	3969
4	65	4225
3	72	5184
5	73	5329
8	82	6724
7	84	7056
6	95	9025
10	146	21316
合計	795	69441

標本平均

$$\bar{x}=\frac{\boxed{795}}{\boxed{10}}=\boxed{79.5}$$

標本分散

$$s^2=\frac{\boxed{10}\times\boxed{69441}}{\boxed{10}(\boxed{10}-1)}=\boxed{693.17}$$

標本標準偏差

$$s=\boxed{26.3}$$

手順3　検定統計量 T を求めると……

$$T=\frac{\boxed{146}-\boxed{79.5}}{\boxed{26.3}}=\boxed{2.529}$$

手順4　有意水準 $\alpha=0.05$ とすると……

$$T=\boxed{2.529}\geqq G(\boxed{10},\ 0.05)=\boxed{2.290}$$

なので，仮説 H_0 は棄てられる．

したがって，10番目のデータは外れ値の可能性がある．

ここで，正規分布に関する重要な定理を紹介しよう．

中心極限定理

確率変数 $X_1, X_2, \cdots, X_n$ が互いに独立で，平均 μ，分散 σ^2 の同一の分布（正規分布でなくてもよい）に従っているとき，

$$\text{統計量 } \overline{X} = \frac{X_1 + X_2 + \cdots + X_n}{n}$$

の分布は，n が十分大きくなると，**正規分布** $N\left(\mu, \frac{\sigma^2}{n}\right)$ に近づく．

この定理の大切なところは，

もとの分布がなんであっても

という点です．

この定理を実感してみよう!!

そこで……

母集団Aと母集団Bを用意します．

それぞれの母集団から10個ずつ標本を抽出して

$$\text{標本平均 } \bar{x}_A = \frac{x_{A1} + \cdots + x_{A10}}{10}$$

$$\text{標本平均 } \bar{x}_B = \frac{x_{B1} + \cdots + x_{B10}}{10}$$

を計算する．

これを200回くり返し，ヒストグラムを描くと……

中心極限定理を実感する?!

母集団A

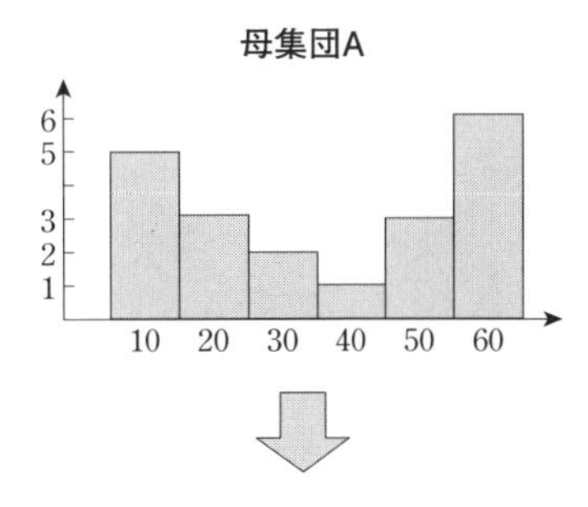

200 個の $\overline{x}_A$

25 48 44 45 34 39 37 35 36 33
37 39 40 30 28 42 42 40 24 39
36 41 33 36 39 36 39 31 34 33
31 36 40 42 40 29 34 29 31 41
24 36 36 34 36 45 35 33 20 35
33 39 32 32 25 35 45 45 33 43
40 32 41 36 23 55 35 33 23 37
41 33 38 27 34 44 29 27 43 27
45 44 29 27 43 37 40 30 30 45
37 46 37 31 38 39 53 25 33 34
39 46 25 32 41 36 41 39 30 38
24 30 40 33 48 37 28 38 37 48
40 36 34 37 38 41 42 38 43 34
37 22 34 29 54 38 36 35 35 27
34 35 34 48 43 40 37 48 42 34
38 46 33 28 37 35 47 42 30 37
41 38 46 35 29 27 42 37 39 35
36 44 33 37 34 45 36 33 34 37
42 28 41 27 35 41 42 37 32 31
42 24 33 48 32 31 35 35 30 32

$\overline{x}_A$ のヒストグラム

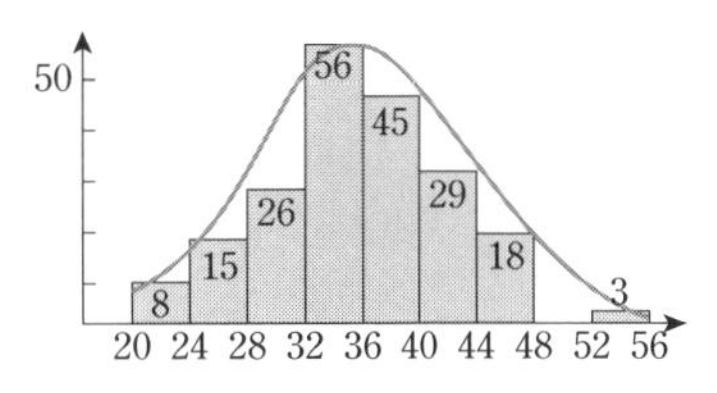

図 4.4.2 標本平均 $\overline{x}_A$ の分布

母集団B

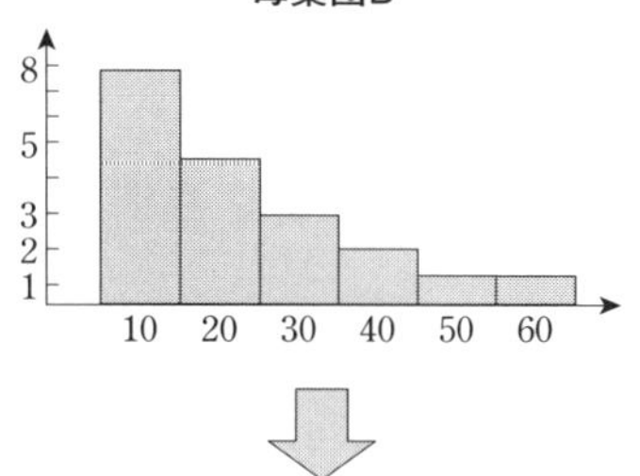

200 個の $\overline{x}_B$

17 25 17 29 19 24 17 24 25 26
21 22 29 25 29 20 19 14 28 25
25 21 21 18 20 19 24 14 26 20
16 23 30 18 27 20 24 20 28 27
31 24 32 27 28 34 22 25 19 14
18 19 22 22 19 26 20 19 24 29
25 20 31 24 24 26 13 20 24 17
25 24 27 15 26 36 24 19 28 15
32 21 21 15 21 25 21 34 19 24
25 28 26 26 22 18 21 19 26 14
30 25 19 20 19 23 22 24 20 31
14 28 24 19 24 23 26 34 27 25
23 26 22 21 17 20 24 27 23 23
27 22 18 18 21 14 26 28 31 23
23 17 24 23 33 26 32 30 19 32
19 29 32 18 23 18 24 25 26 25
28 26 19 17 29 26 20 27 22 20
16 26 22 32 33 22 28 20 25 29
32 18 25 25 22 31 28 25 20 24
24 17 26 20 31 31 22 25 31 27

$\overline{x}_B$ のヒストグラム

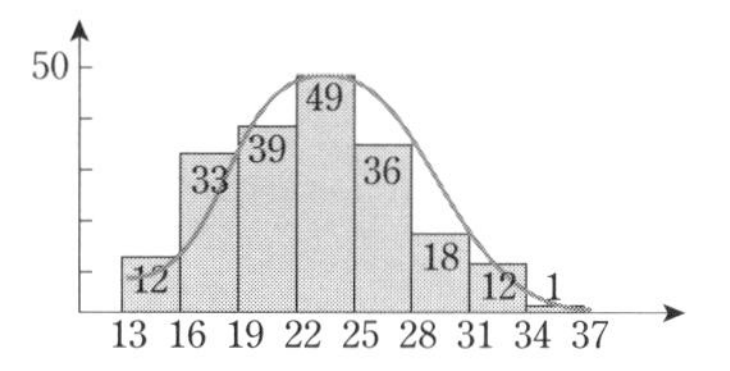

図 4.4.3 標本平均 $\overline{x}_B$ の分布

第5章

対応しているデータから予測する

回帰直線

5.1 回帰直線で予測しよう

次のデータは，どのようにに分析すればよいのだろうか？

表 5.1.1　算数と国語の点数

No.	算数	国語
1	51	63
2	46	57
3	67	72
4	54	65
5	81	73
6	86	95
7	64	84
8	75	82
9	63	58

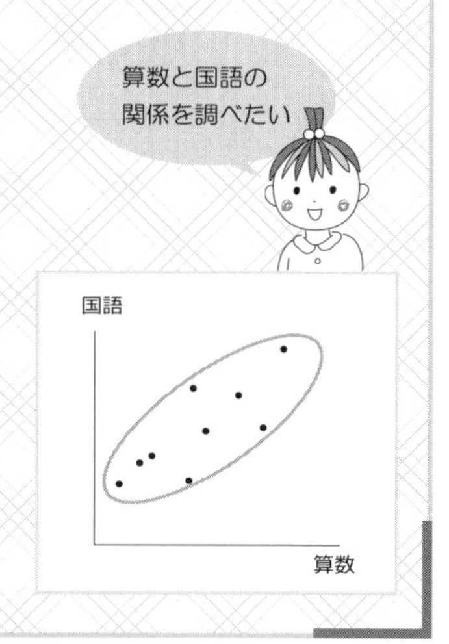

算数と国語の
関係を調べたい
国語
算数

このデータの相関係数 r を計算してみると $r=0.787$ なので，2つの変数の間には1次式の関係がありそうです．

そこで，2つの変数を

変数 x …… 算数［独立変数］

変数 y …… 国語［従属変数］

とし，

$$y = b_1 x + b_0$$

という1次式の関係を作ってみよう．

x… 説明変量
y… 目的変量
ともいいます

実際には，この１次式がきちんと成り立つわけではないので，

実測値		**予測値**
y	$\Longleftrightarrow$	$Y = b_1x + b_0$

としよう．

この式を**回帰直線**といい，傾き b_1 を**回帰係数**といいます．

回帰係数 b_1 と定数項 b_0 の求め方は簡単で

残差＝実測値－予測値

としたとき，
各点の残差の２乗和が最小になるように，b_1，b_0 を求めます．

このデータの場合，回帰直線の式を求めてみると

$$Y = 0.743x + 23.629$$

となります．

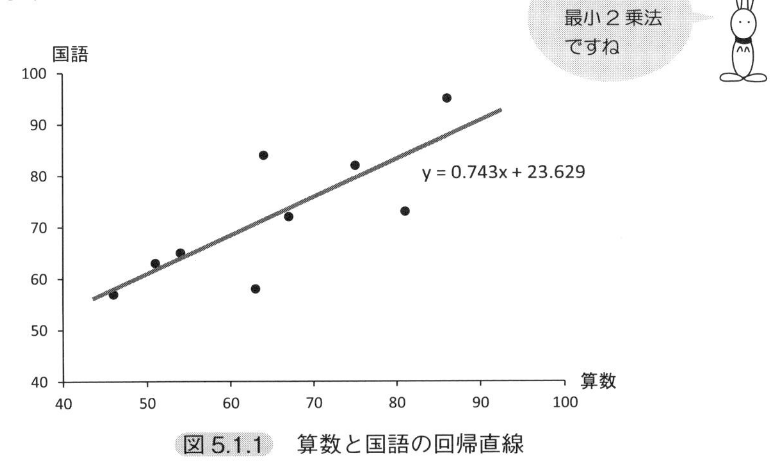

図 5.1.1　算数と国語の回帰直線

この回帰式を用いると，算数の点数から国語の点数を
予測することができます．

例えば，算数が 70 点の児童の国語の点数は

$$\begin{aligned} Y &= 0.743 \times 70 + 23.629 \\ &= 75.6 \end{aligned}$$

と予測できます．

すぐわかる回帰直線の求め方の公式

手順 1　データから，次の統計量を計算する．

データ

No.	x	y	x^2	y^2	$x \times y$
1	x_1	y_1	${x_1}^2$	${y_1}^2$	$x_1 \times y_1$
2	x_2	y_2	${x_2}^2$	${y_2}^2$	$x_2 \times y_2$
⋮	⋮	⋮	⋮	⋮	⋮
N	x_N	y_N	${x_N}^2$	${y_N}^2$	$x_N \times y_N$
合計	Σx_i	Σy_i	$\Sigma {x_i}^2$	$\Sigma {y_i}^2$	$\Sigma (x_i \times y_i)$

公式と例題をよく見比べてね～

手順 2　回帰係数 b_1 と定数項 b_0 を求める．

$$b_1 = \frac{N \times \Sigma (x_i \times y_i) - (\Sigma x_i) \times (\Sigma y_i)}{N \times (\Sigma {x_i}^2) - (\Sigma x_i)^2}$$

$$b_0 = \frac{(\Sigma {x_i}^2) \times (\Sigma y_i) - \Sigma (x_i \times y_i) \times (\Sigma x_i)}{N \times (\Sigma {x_i}^2) - (\Sigma x)^2}$$

拡大鏡

相関係数 r は次のように求めました．

$$r = \frac{N \times \Sigma x_i y_i - (\Sigma x_i) \times (\Sigma y_i)}{\sqrt{N \times \Sigma {x_i}^2 - (\Sigma x_i)^2} \times \sqrt{N \times \Sigma {y_i}^2 - (\Sigma y_i)^2}}$$

回帰係数 b_1 と相関係数 r には，次のような関係があります．

$$b_1 = r \times \frac{\sqrt{N \times \Sigma {y_i}^2 - (\Sigma y_i)^2}}{\sqrt{N \times \Sigma {x_i}^2 - (\Sigma x_i)^2}}$$

例題

回帰直線の求め方の例題

手順 1　データから，次の統計量を計算すると……

No.	算数 x	国語 y	x^2	y^2	$x \times y$
1	51	63	2601	3969	3213
2	46	57	2116	3249	2622
3	67	72	4489	5184	4824
4	54	65	2916	4225	3510
5	81	73	6561	5329	5913
6	86	95	7396	9025	8170
7	64	84	4096	7056	5376
8	75	82	5625	6724	6150
9	63	58	3969	3364	3654
合計	587	649	39769	48125	43432

手順 2　回帰係数 b_1 と定数項 b_0 を求めると……

$$b_1 = \frac{\boxed{9} \times \boxed{43432} - \boxed{587} \times \boxed{649}}{\boxed{9} \times \boxed{39769} - (\boxed{587})^2} = \boxed{0.743}$$

$$b_0 = \frac{\boxed{39769} \times \boxed{649} - \boxed{43432} \times \boxed{587}}{\boxed{9} \times \boxed{39769} - (\boxed{587})^2} = \boxed{23.629}$$

したがって，回帰直線は

$$Y = \boxed{0.743}\, x + \boxed{23.629}$$

となる．

p.35 の統計量を
利用します

$b_1 = 0.787 \times \frac{12.869}{13.618}$

回帰直線の求め方の演習

次のデータは，UMA 市 K 町にある喫茶店 OHENRO カフェにおいて，9 日間に訪れた客の人数とその日の売上高を調査したものです．

そこで，……

客の人数を独立変数 x，売上高を従属変数 y として回帰直線の式を求めてみよう．

表 5.1.2　9 日間の売上高と客の数

日	客の人数 x	売上高 y
1 日め	35	16800
2 日め	46	17850
3 日め	22	11450
4 日め	61	24800
5 日め	57	27600
6 日め	29	14350
7 日め	50	23000
8 日め	68	31700
9 日め	37	15650

売上高を予測したいときは
客の人数 ⇒ 独立変数 x
売 上 高 ⇒ 従属変数 y
とします

予測したい方を
y にするんだね！

手順 **1**　データから，次の統計量を計算しよう．

日	客の人数 x	売上高 y	x^2	y^2	$x \times y$
1日め	35	16800			
2日め	46	17850			
3日め	22	11450	484	131102500	251900
4日め	61	24800			
5日め	57	27600			
6日め	29	14350			
7日め	50	23000			
8日め	68	31700			
9日め	37	15650			
合計					

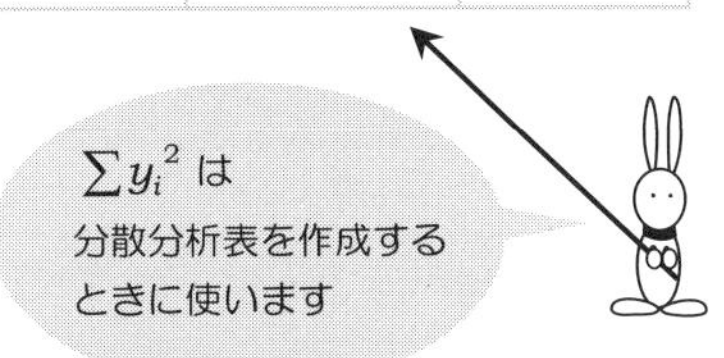
$\sum y_i^2$ は
分散分析表を作成する
ときに使います

手順 **2**　回帰係数 b_1 と定数項 b_0 を求めよう．

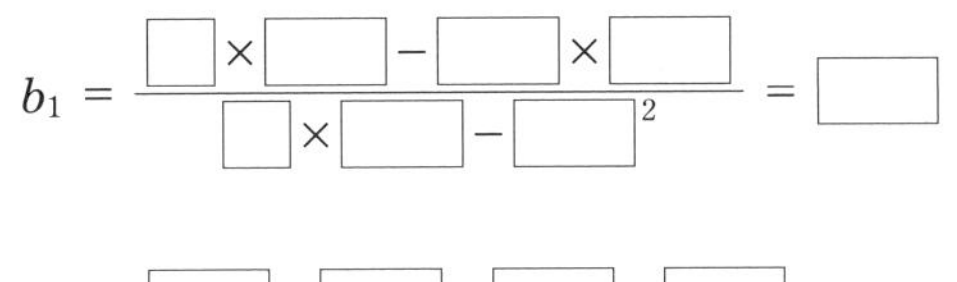

$$b_1 = \frac{\square \times \square - \square \times \square}{\square \times \square - \square^2} = \square$$

$$b_0 = \frac{\square \times \square - \square \times \square}{\square \times \square - \square^2} = \square$$

よって，回帰直線は

$$Y = \square x + \square$$

となる．

解説

5.2 その回帰直線は役に立つか？

表 5.1.1 の回帰直線 $Y = 0.743x + 23.629$ は，
データに良くあてはまっているのだろうか？

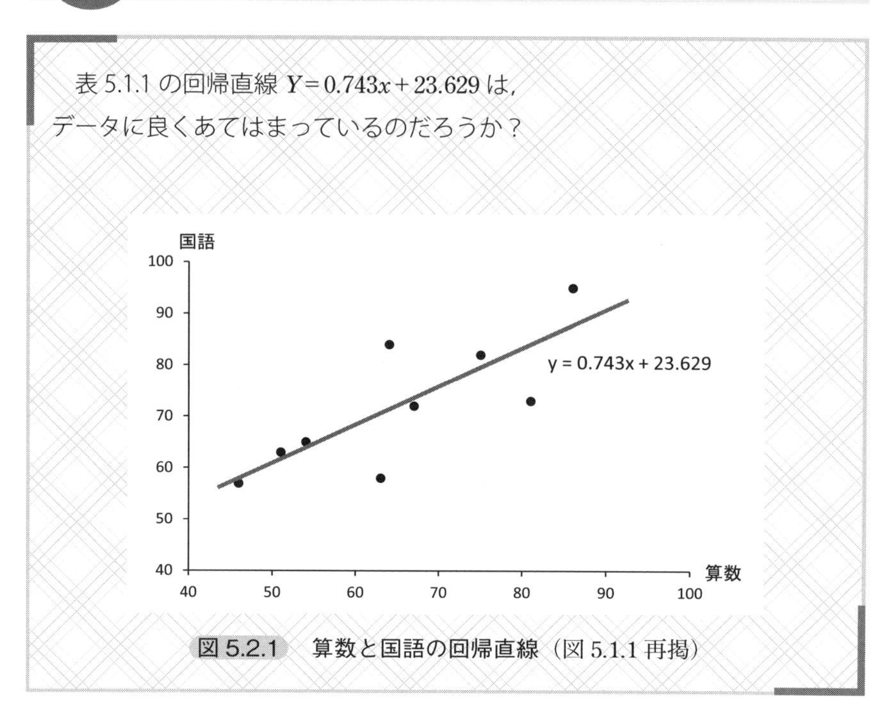

図 5.2.1　算数と国語の回帰直線（図 5.1.1 再掲）

■決定係数

この回帰直線を用いると，

独立変数 x から従属変数 y を予測する

ことができます．

しかし，そのためには回帰直線のあてはまりの良さが大切です．

この**あてはまりの良さ**を示すものが**決定係数** R^2 と呼ばれるものです．

決定係数 R^2 の定義

$$\text{決定係数}\ R^2 = \frac{\text{予測値の変動}}{\text{実測値の変動}} = \frac{S_R}{S_{y^2}} \qquad \Leftarrow 0 \leqq R^2 \leqq 1$$

解説

3つの**変動**の間には，次の等号

実測値の変動 ＝ 予測値の変動 ＋ 残差の変動

が成り立つので，

“決定係数 R^2 が1に近いほど回帰直線のあてはまりが良い”

ことを意味しています．

残差の変動が小さいと
予測値の変動が大きい

■分散分析表

回帰直線が予測に役立つかどうかを調べる方法に

分散分析表

があります．これは次の仮説

仮説 H_0：回帰直線は予測に役立たない

に対し，分散分析表を利用して，この仮説を検定する方法です．

この分散分析表を作成すると，検定統計量 F_0 が

求まるしくみになっています．

表 5.2.1　これが分散分析表です !!

変　動	平方和	自由度	平均平方	F 値
回帰による変動	S_R	1	V_R	F_0
残差による変動	S_E	$N-2$	V_E	

S_R ＝予測値の変動
　＝回帰による変動

検定統計量 $= \dfrac{V_R}{V_E}$

分散分析表は
とても大切な表です

実測値の変動 $= \sum(y_i - \bar{y})^2 = S_{y^2}$

予測値の変動 $= \sum(Y_i - \bar{y})^2 = S_R$

残差の変動 $= \sum(y_i - Y_i)^2 = S_E$

すぐわかる分散分析表の作成と検定の公式

手順1 データから，次の統計量を計算する．

データ

No.	x	y	y^2	$x \times y$
1	x_1	y_1	${y_1}^2$	$x_1 \times y_1$
2	x_2	y_2	${y_2}^2$	$x_2 \times y_2$
⋮	⋮	⋮	⋮	⋮
N	x_N	y_N	${y_N}^2$	$x_N \times y_N$
合計	Σx_i	Σy_i	$\Sigma {y_i}^2$	$\Sigma(x_i \times y_i)$

$$S_{y^2} = \Sigma {y_i}^2 - \frac{(\Sigma y_i)^2}{N}$$

$$S_{yx} = \Sigma(x_i \times y_i) - \frac{(\Sigma x_i) \times (\Sigma y_i)}{N}$$

手順2 回帰係数 b_1 を利用し，平方和 S_R，S_E を求める．

$$S_R = b_1 \times S_{yx}$$

$$S_E = S_{y^2} - S_R$$

⬅決定係数 $R^2 = \frac{S_R}{S_{y^2}}$

手順3 分散分析表を作る．

変　動	平方和	自由度	平均平方	F 値
回帰による変動	S_R	1	$V_R = S_R$	$F_0 = \frac{V_R}{V_E}$
残差による変動	S_E	$N-2$	$V_E = \frac{S_E}{N-2}$	

手順4 有意水準を α とし

$$F_0 \geqq F(1, N-2\,;\,\alpha)$$

⬅ F 分布の数表

のとき，

仮説 H_0：回帰直線は予測に役立たない

を棄却する．

分散分析表の作成と検定の例題

p.75 の統計量を利用します

手順 1 データから，次の統計量を計算すると……

No.	x	y	y^2	$x\times y$
1	51	63	3969	3213
2	46	57	3249	2622
⋮	⋮	⋮	⋮	⋮
9	63	58	3364	3654
合計	587	649	48125	43432

$$S_{y^2} = \boxed{48125} - \frac{\boxed{649}^2}{\boxed{9}} = \boxed{1324.889}$$

$$S_{yx} = \boxed{43432} - \frac{\boxed{587}\times\boxed{649}}{\boxed{9}} = \boxed{1102.778}$$

手順 2 回帰係数 $b_1 = 0.743$ を利用し，平方和 S_R，S_E を求めると……

$$S_R = \boxed{0.743} \times \boxed{1102.778} = \boxed{819.364}$$

$$S_E = \boxed{1324.889} - \boxed{819.364} = \boxed{505.525}$$

⬅決定係数 R^2
$$= \frac{819.364}{819.364 + 505.525} = 0.618$$

手順 3 分散分析表を作ると……

変　動	平方和	自由度	平均平方	F 値
回帰による	819.364	1	819.364	$\frac{819.364}{72.218} = 11.346$
残差による	505.525	9 − 2	$\frac{505.156}{7} = 72.218$	

有効数字のとり方で値が変わります

手順 4 有意水準を $\alpha = 0.05$ とすると……

$$F_0 = \boxed{11.346} \geqq F(1, \boxed{7}\,;\,0.05) = \boxed{5.591}$$

なので，仮説 H_0 は棄てられる．

したがって，この回帰直線は予測に役立つと考えられる．

分散分析表の作成と検定の演習

次のデータは，UMA 市 K 町にある OHENRO カフェにおいて，9 日間に訪れた客の人数とその日の売上高を調査したものです．

そこで，……

回帰直線

$$Y = 0.743x + 23.629$$

は予測に役立つかどうか，分散分析表を作成して調べてみよう．

表 5.2.3　9 日間の売上高と客の数

日	客の人数 x	売上高 y
1 日め	35	16800
2 日め	46	17850
3 日め	22	11450
4 日め	61	24800
5 日め	57	27600
6 日め	29	14350
7 日め	50	23000
8 日め	68	31700
9 日め	37	15650

この回帰直線は
よくあてはまって
いるかなぁ？

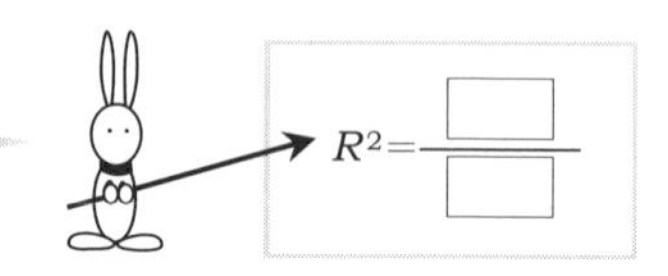

演習

手順 1　データの型から次の統計量を計算しよう.

No.	客の人数 x	売上高 y	y^2	$x \times y$
合計				

$$S_{y^2} = \square - \frac{\square^2}{\square} = \square$$

p.77 の統計量を利用しよう

$$S_{yx} = \square - \frac{\square \times \square}{\square} = \square$$

手順 2　回帰係数 $b_1 = \square$ を利用して，平方和 S_R，S_E を求めよう.

$$S_R = \square \times \square = \square$$

b_1 は p.75 です

$$S_E = \square - \square = \square$$

手順 3　分散分析表を作ろう.

変　動	平方和	自由度	平均平方	F 値
回帰による		1		
残差による				

手順 4　有意水準を $\alpha = 0.05$ としよう.

$F_0 = \square$　$\square$　$F(1, \square - 2\ ;\ 0.05) = \square$

なので，仮説 H_0 は $\square$.

したがって，この回帰直線は予測に役に $\square$ と考えられる.

第**6**章

データから推定する

区間推定

6.1 平均値を推定したい——◉母平均の区間推定

次のデータは，全国の小学６年生から抽出された児童９人の国語の全国テストの点数です．

この標本データから全国の平均点を知りたいのだが……

表 6.1.1 国語の点数

No.	国語
1	63
2	57
3	72
4	65
5	73
6	95
7	84
8	82
9	58

標本データ ➡

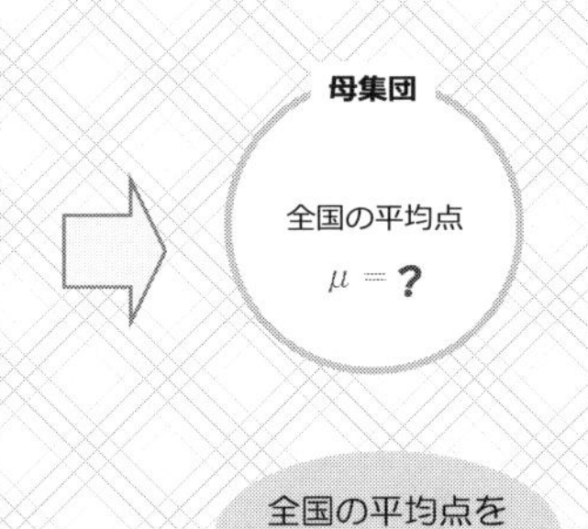

そこで，表 6.1.1 の９個のデータを母集団から抽出した標本と考え，標本データの平均値 $\bar{x}$

$$\bar{x} = \frac{63+57+\cdots+58}{9} = 72.1$$ ⬅標本平均

を計算し，この値から母集団の平均値 μ は

$$\mu = 72.1$$ ⬅母平均

と推定してみてはどうだろうか．

しかし，標本平均 $\bar{x}$ は N 個のデータ $\{x_1, x_2, \cdots, x_N\}$ を抽出するたびに変化するので，この推定ではハズレる可能性があります．

そこで，$\overline{x}$ の変化を調べて，母平均 μ を推定する方法が考え出されました．

この方法を**区間推定**といいます． ⬅ interval estimation

■区間推定

区間推定とは

“データの情報から，母集団の未知パラメータを推測すること”

です．次のように表現できます．

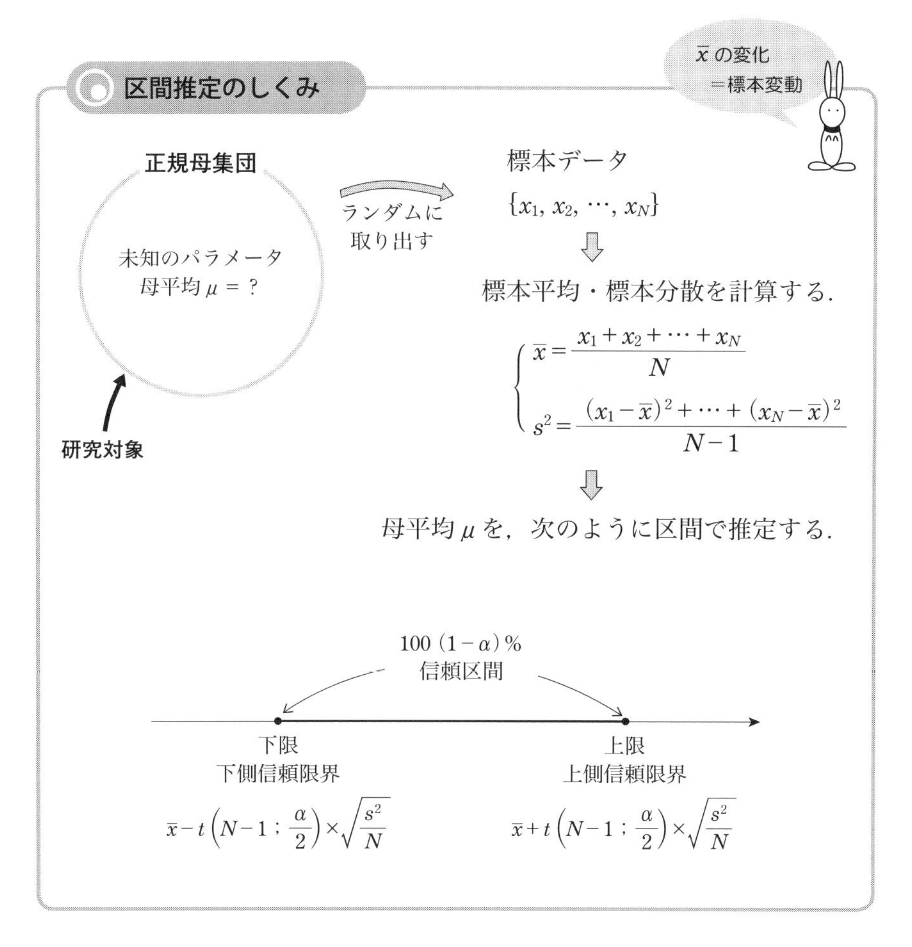

区間推定には，次のような数学的背景があります．

母平均の区間推定の場合

正規母集団ですね

はじめに，

"母集団の分布は正規分布 $N(\mu,\ \sigma^2)$ に従っている"

と仮定する．

この母集団から取り出した大きさ N の標本 $\{x_1, x_2, \cdots, x_N\}$ は，それぞれ正規分布 $N(\mu,\ \sigma^2)$ に従っているので，標本平均 $\bar{x}$

"$\bar{x} = \dfrac{x_1 + x_2 + \cdots + x_N}{N}$ の分布は，$N\left(\mu,\ \dfrac{\sigma^2}{N}\right)$ に従う"

このとき，標本分散を s^2 とすれば

"$\dfrac{\bar{x} - \mu}{\sqrt{\dfrac{s^2}{N}}}$ の分布は自由度 $N-1$ の t 分布に従う"

ので，確率が $1-\alpha$ となる区間は

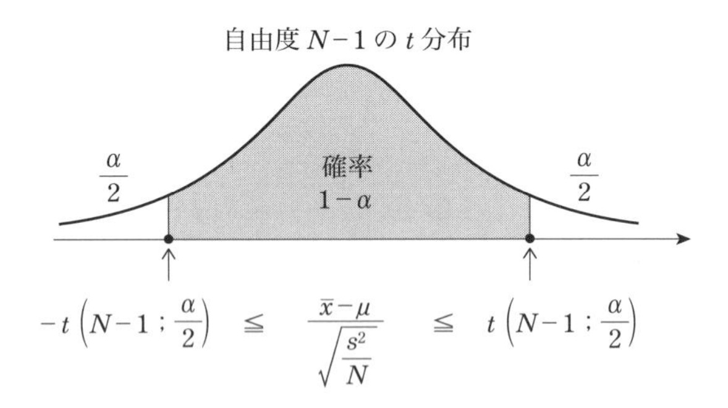

となる．

この不等式を変形すれば……

$$\bar{x} - t\left(N-1\,;\ \frac{\alpha}{2}\right) \times \sqrt{\frac{s^2}{N}} \leqq \mu \leqq \bar{x} + t\left(N-1\,;\ \frac{\alpha}{2}\right) \times \sqrt{\frac{s^2}{N}}$$

解説

■ t 分布と標準正規分布の関係

次の図を見てもわかるように，自由度が大きくなると

t 分布は標準正規分布に近づきます．

$t\left(\text{無限大}\,;\,\dfrac{0.05}{2}\right) \fallingdotseq 1.960$

t 分布と標準正規分布

自由度 10 の t 分布

$\dfrac{0.05}{2}$ $\dfrac{0.05}{2}$

0

$-t\left(10\,;\,\dfrac{0.05}{2}\right) = -2.228$ $t\left(10\,;\,\dfrac{0.05}{2}\right) = 2.228$

自由度 30 の t 分布

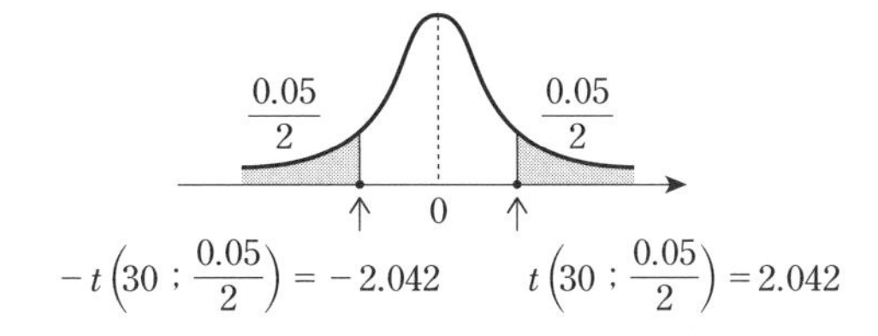

自由度 120 の t 分布

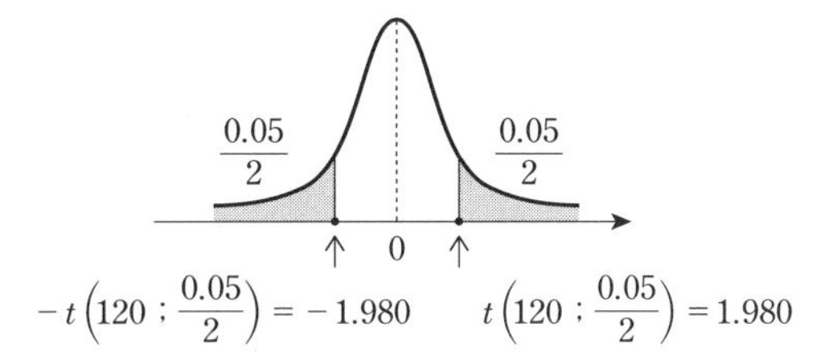

標準正規分布

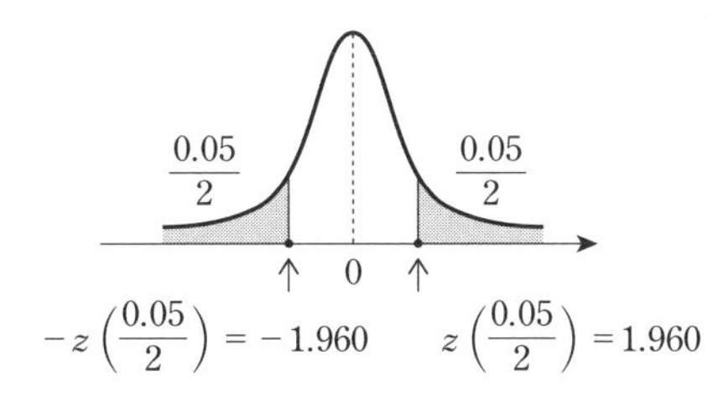

すぐわかる母平均の区間推定の公式

手順1　データから，次の統計量を計算する．

データ

No.	x	x^2
1	x_1	${x_1}^2$
2	x_2	${x_2}^2$
⋮	⋮	⋮
N	x_N	${x_N}^2$
合計	Σx_i	$\Sigma {x_i}^2$

標本平均

$$\bar{x} = \frac{\Sigma x_i}{N}$$

標本分散

$$s^2 = \frac{N \times \Sigma {x_i}^2 - (\Sigma x_i)^2}{N \times (N-1)}$$

見比べてね～

手順2　信頼係数を $100(1-\alpha)$ %とする．

t 分布の数表から $t\left(N-1\,;\,\dfrac{\alpha}{2}\right)$ を求める．

手順3　母平均 μ の信頼係数 $100(1-\alpha)$ %の信頼区間を求める．

$$\bar{x} - t\left(N-1\,;\,\frac{\alpha}{2}\right) \times \sqrt{\frac{s^2}{N}} \leqq \mu \leqq \bar{x} + t\left(N-1\,;\,\frac{\alpha}{2}\right) \times \sqrt{\frac{s^2}{N}}$$

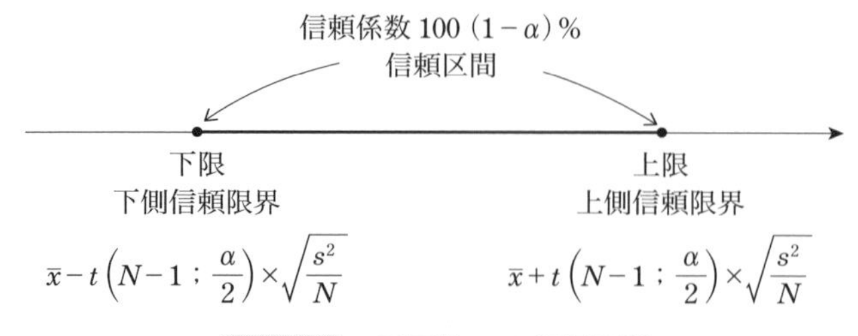

図 6.1.1　母平均 μ の信頼区間

母平均の区間推定の例題

手順 1　データから，次の統計量を計算すると……

No.	国語	2乗
1	63	3969
2	57	3249
3	72	5184
4	65	4225
5	73	5329
6	95	9025
7	84	7056
8	82	6724
9	58	3364
合計	649	48125

標本平均

$$\overline{x} = \frac{\boxed{649}}{\boxed{9}} = \boxed{72.1}$$

標本分散

$$s^2 = \frac{\boxed{9} \times \boxed{48125} - (\boxed{72.1})^2}{\boxed{9} \times (\boxed{9} - 1)}$$

$$= \boxed{165.611}$$

手順 2　信頼係数を 95%とすると……

$$100(1-\alpha) = 95, \quad \alpha = 0.05.$$

t 分布の数表から $t\left(9-1\,;\,\dfrac{0.05}{2}\right)$ を求めると……

$$t(9-1\,;\,\boxed{0.025}) = \boxed{2.306}$$

手順 3　母平均 μ の信頼係数 95%の信頼区間を求めると……

$$\boxed{72.1} - \boxed{2.306} \times \sqrt{\frac{\boxed{165.611}}{\boxed{9}}} \leqq \mu \leqq \boxed{72.1} + \boxed{2.306} \times \sqrt{\frac{\boxed{165.611}}{\boxed{9}}}$$

$$\boxed{62.2} \leqq \mu \leqq \boxed{82.0}$$

したがって，国語の全国平均点は

62.2 点～82.0 点

となる．

SPSS の
ブートストラップ法による
母平均の区間推定は

$64.6 \leqq \mu \leqq 80.2$

母平均の区間推定の演習

次のデータは，遊園地で遊んだ 10 家族が使った金額です.

この遊園地では 1 家族平均いくらの金額を使っているのだろうか.

そこで，……

信頼係数 95％で 1 家族平均使用金額の区間推定をしよう.

表 6.1.2 遊園地で 10 家族の使った金額

No.	金額
1	5700 円
2	8900 円
3	9200 円
4	10200 円
5	7900 円
6	8500 円
7	11300 円
8	23500 円
9	15300 円
10	10100 円

信頼係数 95％とは……

標本抽出を 100 回おこなって，それぞれ区間推定をしたとき，

“100 回のうち 95 回は母平均 μ が信頼区間に含まれている”

という意味です.

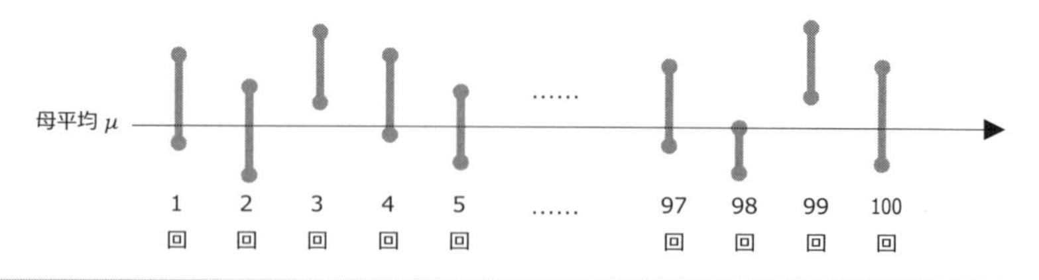

手順1 標本データから，次の統計量を計算しよう．

No.	金額 x	x^2
1	5700	
2	8900	
3	9200	
4	10200	
5	7900	
6	8500	72250000
7	11300	
8	23500	
9	15300	
10	10100	
合計		

標本平均

$$\overline{x} = \frac{\square}{\square}$$

$$= \square$$

標本分散

$$s^2 = \frac{\square \times \square - \square^2}{\square \times (\square - 1)}$$

$$= \square$$

手順2 信頼係数を95%としよう．

$$100(1-\alpha) = 95, \quad \alpha = \square$$

t 分布の数表から $t\left(10-1\,;\,\dfrac{0.05}{2}\right)$ を求めよう．

$$t(\square - 1\,;\,\square) = \square$$

手順3 母平均 μ の信頼係数95%の信頼区間は

$$\square - \square \times \sqrt{\frac{\square}{\square}} \leqq \mu \leqq \square + \square \times \sqrt{\frac{\square}{\square}}$$

$$\square \leqq \mu \leqq \square$$

したがって，平均使用金額は

□円～□円

となる．

解説

6.2 比率を推定したい——◉母比率の区間推定

次のデータが与えられた．このデータから，全国の小学６年生の英語の点数が 80 点以上の児童の比率を知りたいのだが……

表 6.2.1 英語の成績

カテゴリ	80 点以上	80 点未満	合計
英語	15 人	45 人	60 人

この場合，母集団は全国の小学６年生の英語の点数となります．

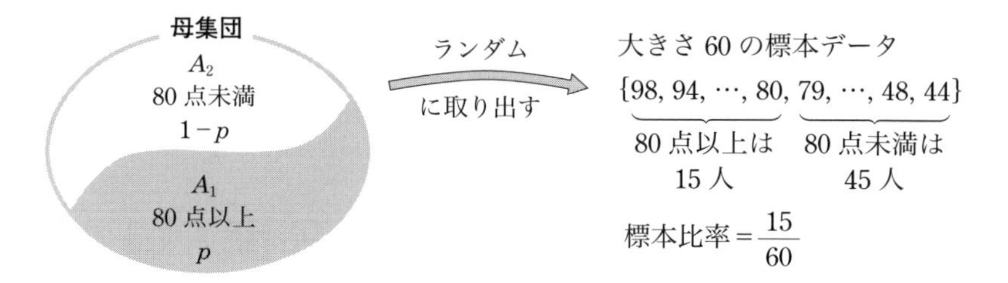

このように，母集団が A_1 と A_2 の２つのカテゴリに分かれているとき **２項母集団**といいます．

例えば……

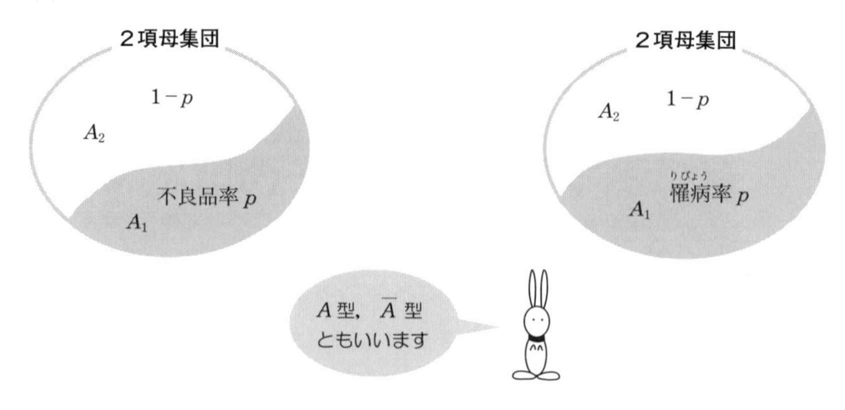

このようなときは，母比率 p の区間推定をしよう．

ところで，データ数 N が大きい場合，

母集団の比率
＝母比率

“2項分布は正規分布 $N\left(p,\ \dfrac{p\times(1-p)}{N}\right)$ で近似される”

ことが知られています．

例えば，$N=60$，$p=0.25$ のときの2項分布のグラフは，

次の図のようになります．

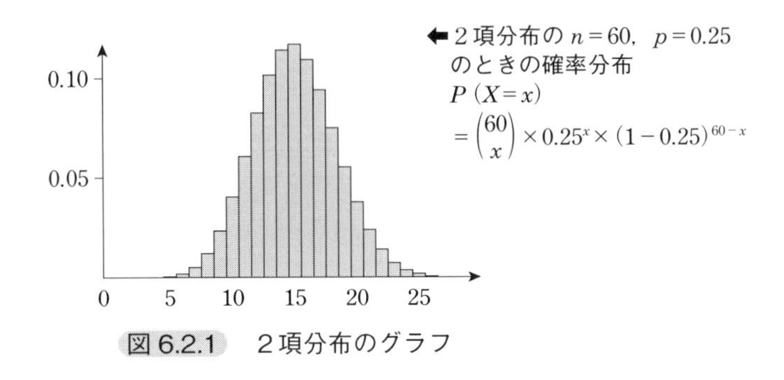

図 6.2.1　2項分布のグラフ

正規分布 $N\left(0.25,\ \dfrac{0.25\times(1-0.25)}{60}\right)$ のグラフは，

次の図のようになります．

0.10
0.05
0.1　0.2　0.3　0.4　0.5

よく似ています

図 6.2.2　正規分布のグラフ

ということは，母平均の区間推定の公式を応用して，

母比率の区間推定の公式を導き出すことができそうですね．

すぐわかる母比率の区間推定の公式

手順 1　データが，次のように与えられる．

データ

カテゴリ	A_1	A_2	合計
標本データ	$x_1, x_2, \cdots, x_m$	$x_{m+1}, x_{m+2}, \cdots, x_N$	
標本の数	m 個	$N-m$ 個	N 個

手順 2　信頼係数を 100 (1 − α) %とする．

標準正規分布の数表から $z\left(\frac{\alpha}{2}\right)$ を求める．

公式と例題をよく見比べてね〜

手順 3　母比率 p の信頼係数 100 (1 − α) %の信頼区間を求める．

$$\frac{m}{N}-z\left(\frac{\alpha}{2}\right)\times\sqrt{\frac{\frac{m}{N}\times\left(1-\frac{m}{N}\right)}{N}}\leqq p\leqq\frac{m}{N}+z\left(\frac{\alpha}{2}\right)\times\sqrt{\frac{\frac{m}{N}\times\left(1-\frac{m}{N}\right)}{N}}$$

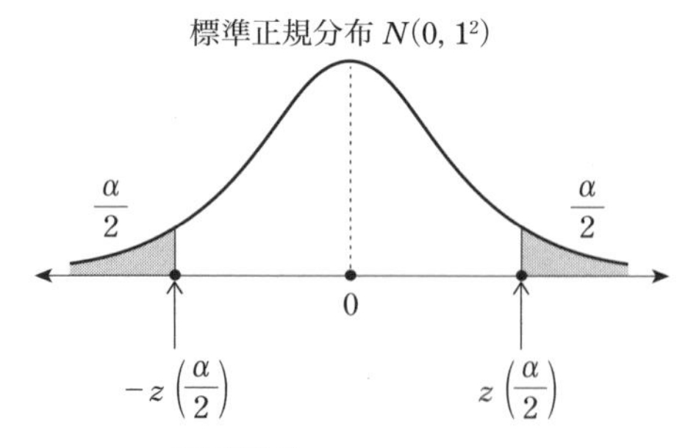

図 6.2.3　標準正規分布

母比率の区間推定の例題

手順 1　データが与えられると……

カテゴリ	80 点以上	80 点未満	合計
英語	15人	45人	60 人

手順 2　信頼係数を 95% とすると……

$$100(1-\alpha)=95$$

$$\alpha = \boxed{0.05}$$

$$\frac{\alpha}{2} = \boxed{0.025}$$

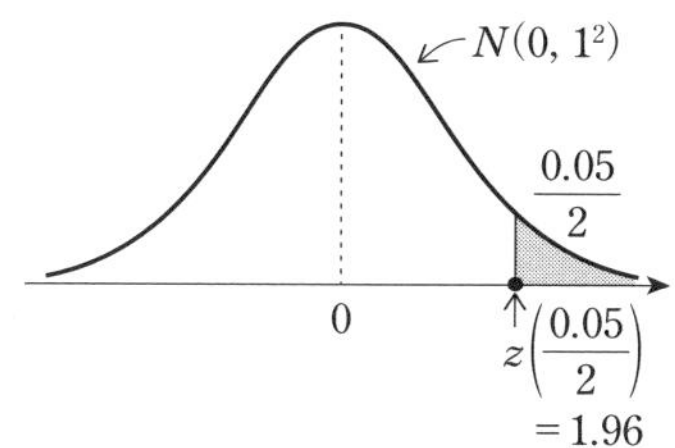

標準正規分布の数表から $z\left(\frac{0.05}{2}\right)$ を求めると……

$$z\left(\frac{\alpha}{2}\right) = z(0.025)$$

$$= \boxed{1.96}$$

手順 3　母比率 p の信頼係数 95% の信頼区間を求めると……

$$\frac{\boxed{15}}{\boxed{60}} - \boxed{1.96} \times \sqrt{\frac{\frac{\boxed{15}}{\boxed{60}} \times \left(1 - \frac{\boxed{15}}{\boxed{60}}\right)}{\boxed{60}}} \leqq p \leqq \frac{\boxed{15}}{\boxed{60}} + \boxed{1.96} \times \sqrt{\frac{\frac{\boxed{15}}{\boxed{60}} \times \left(1 - \frac{\boxed{15}}{\boxed{60}}\right)}{\boxed{60}}}$$

$$\boxed{0.1404} \leqq p \leqq \boxed{0.3596}$$

したがって，80 点以上の比率は

14.04%～35.96%

となる．

母比率の区間推定の演習

次のデータは40人の女性に対し，アンケート調査をおこなった結果です．

そこで，……

ダイエットに関心がある女性の比率を，信頼係数95%で
区間推定しよう．

表6.2.2　あなたはダイエットに関心がありますか？

カテゴリ	ダイエットに関心のある女性	ダイエットに関心のない女性	合計
人数	33人	7人	40人

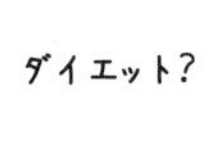

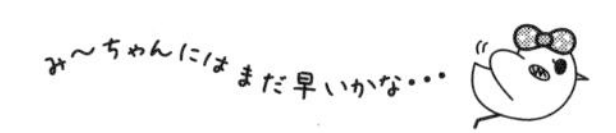

データの数が少ないときは，F分布を利用します．

母比率pの$100(1-\alpha)$%信頼区間は

$$\frac{d_2}{d_1 \times F\left(d_1, d_2 ; \frac{\alpha}{2}\right) + d_2} \leqq p \leqq \frac{e_1 \times F\left(e_1, e_2 ; \frac{\alpha}{2}\right)}{e_1 \times F\left(e_1, e_2 ; \frac{\alpha}{2}\right) + e_2}$$

ただし，$\begin{cases} d_1 = 2(N-m+1), \ d_2 = 2m \\ e_1 = 2(m+1), \ e_2 = 2(N-m) \end{cases}$

演習

手順 1　標本データ

カテゴリ	ダイエットに関心がある	ダイエットに関心がない	合計
人数	33 人	7 人	40 人

手順 2　信頼係数を 95%としよう

$$100 \times (1 - \alpha) = 95$$

$$\alpha = \square \qquad \frac{\alpha}{2} = \square$$

標準正規分布の数表から，$z\left(\frac{\alpha}{2}\right)$ を求めると……

$$z\left(\frac{\alpha}{2}\right) = z(\square) = \square$$

手順 3　母比率 p の信頼係数 95%の信頼区間を求めよう．

$$\frac{\square}{\square} - \square \times \sqrt{\frac{\frac{\square}{\square} \times \left(1 - \frac{\square}{\square}\right)}{\square}} \leqq p \leqq \frac{\square}{\square} + \square \times \sqrt{\frac{\frac{\square}{\square} \times \left(1 - \frac{\square}{\square}\right)}{\square}}$$

$$\square \leqq p \leqq \square$$

したがって，ダイエットに関心がある比率は

$\square$ % ～ $\square$ %

となる．

6.3 データをいくつ集めればよいのだろうか

平均値や比率の区間推定をする場合，信頼区間の幅が重要になります．

全国の小学6年生で英語の点数が80点以上の児童の比率は，
信頼係数95%で

14.04%〜35.96%

になりました．
この区間をもう少し狭くする方法はありませんか？

2項分布は正規分布 $N\left(p,\ \dfrac{p\times(1-p)}{N}\right)$ で近似できるので，
比率 p の $100(1-\alpha)$%の区間は，次のようになります．

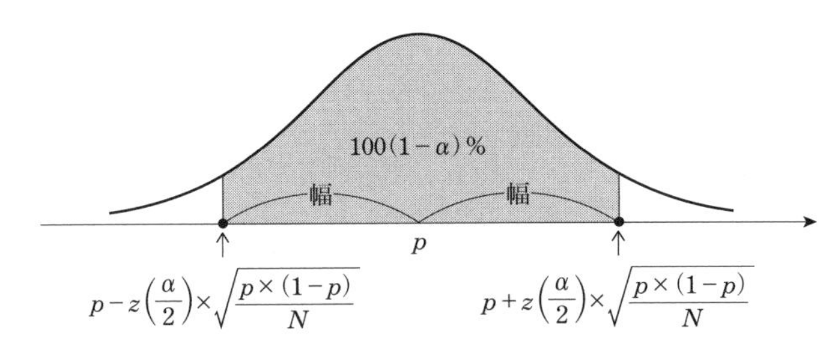

図 6.3.1　正規分布による近似

このとき，データの数 N を大きくすると区間は狭くなります．
そこで……

$$E = z\left(\frac{\alpha}{2}\right)\times\sqrt{\frac{p\times(1-p)}{N}}$$

とおいて，両辺を2乗すると……

$$E^2 = z\left(\frac{\alpha}{2}\right)^2\times\frac{p\times(1-p)}{N}$$

N を大きくすると
$\dfrac{p\times(1-p)}{N}$
は小さくなります

解説

したがって，幅を E 以内でおさえるためには，データの数 N を

$$N=\left(\frac{z\left(\frac{\alpha}{2}\right)}{E}\right)^2\times p\times(1-p)$$

にすればよいことがわかります．

もちろん，母比率 p はわからないので，p のかわりにその予想される値を代入します．

母比率 p の値が予想できない場合には

$$N=\left(\frac{z\left(\frac{\alpha}{2}\right)}{E}\right)^2\times\frac{1}{4}$$

から，データの数 N を求めます．

どのような p に対しても
$p\times(1-p)\leqq\frac{1}{4}$

例えば，信頼係数95%で幅を4%におさえたいとします．

$p=0.3$ と予想できるときは

$$N=\left(\frac{z(0.025)}{0.04}\right)^2\times0.3\times(1-0.3)$$

となります．

$p=0.3$ と予想できないときは

$$N=\left(\frac{z(0.025)}{0.04}\right)^2\times\frac{1}{4}$$

となります．

拡大鏡

母平均の区間推定の場合は，データの数 N を，次のようにします．

$$N=\left(\frac{z\left(\frac{\alpha}{2}\right)}{E}\right)^2\times\sigma^2$$

σ^2 は母分散

すぐわかる標本の大きさを決めるための公式

標本の大きさを決めるとき，母比率の区間推定と母平均の区間推定では，公式が異なります．

【母比率 p の区間推定の場合】

手順1 区間推定の信頼係数は $100(1-\alpha)\%$ とする．

標準正規分布の数表から $z\left(\dfrac{\alpha}{2}\right)$ を求める．

手順2 幅を E とし，標本の大きさ N を求める．

［p が予測できるとき］

$$N=\left(\frac{z\left(\frac{\alpha}{2}\right)}{E}\right)^2\times p\times(1-p)$$

［p が予測できないとき］

$$N=\left(\frac{z\left(\frac{\alpha}{2}\right)}{E}\right)^2\times\frac{1}{4}$$

【母平均 μ の区間推定の場合】

手順1 区間推定の信頼係数は $100(1-\alpha)\%$ とする．

標準正規分布の数表から $z\left(\dfrac{\alpha}{2}\right)$ を求める．

手順2 幅を E とし，標本の大きさ N を求める．

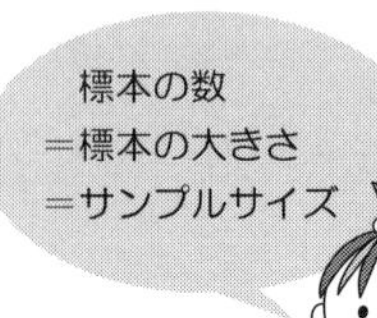

標本の数
=標本の大きさ
=サンプルサイズ

$$N=\left(\frac{Z\left(\frac{\alpha}{2}\right)}{E}\right)^2\times\sigma^2$$

ただし，母分散 σ^2 が未知のときは，その予測値をあてる．

標本の大きさを決めるための例題

英語の点数が 80 点以上の児童の母比率 p を知りたいのだが，
今までの経験から，母比率 p は 0.3 ぐらいと予想される．

そこで，信頼係数は 95％とし，幅を 4 ％ぐらいにおさえるには，
何人のデータを集めればよいのだろうか？

手順 1 信頼係数を 95％とすると……

$$100(1-\alpha)=95, \qquad \alpha=0.05, \qquad \frac{\alpha}{2}=0.025$$

標準正規分布の数表から，$z\left(\frac{\alpha}{2}\right)$ を求めると……

$$z\left(\frac{\alpha}{2}\right)=z(0.025)=1.96$$

手順 2 幅を 4 ％におさえたいので，$E = 0.04$ とし
標本の大きさ N を求めると……

$$N=\left(\frac{1.96}{0.04}\right)^2\times 0.3\times(1-0.3)$$

$$=\boxed{504.21}$$

したがって，約 $\boxed{510}$ 個のデータを集めておけば，
母比率 p の区間推定の幅を 4 ％以内におさえることができる．

■ブートストラップ法の考え方

ブートストラップ法とは，コンピュータと乱数をうまく使って
母平均や母分散といった母集団の未知パラメータを推定する手法のこと．
ブートストラップ法を使って，母平均を区間推定してみよう．

データは，表6.1.1の国語の点数です．データが9個あるので，
1から9までの数字をデータと対応させます．

63	57	72	65	73	95	84	82	58	⬅データ
↕	↕	↕	↕	↕	↕	↕	↕	↕	
1	2	3	4	5	6	7	8	9	⬅数字

次に乱数表を利用し，最初の9個の乱数が217959734のときは

2	1	7	9	5	9	7	3	4	⬅乱数
↓	↓	↓	↓	↓	↓	↓	↓	↓	
57	63	84	58	73	58	84	72	65	⬅データ

により，1回目の標本平均 $\overline{x}_1$ を計算します．

$$\overline{x}_1 = \frac{57+63+\cdots+72+65}{9}$$

さらに乱数表を利用し，次の9個の乱数が692346146のときは

6	9	2	3	4	6	1	4	6	⬅乱数
↓	↓	↓	↓	↓	↓	↓	↓	↓	
95	58	57	72	65	95	63	68	95	⬅データ

により，2回目の標本平均 $\overline{x}_2$ を計算します．

$$\overline{x}_2 = \frac{95+58+\cdots+68+95}{9}$$

このように乱数を利用しながら，次々と標本平均 $\overline{x}_i$ を求めます．
すると，この標本平均 $\overline{x}_i$ の分布から，母平均の区間推定を
することができます．

表 6.3.1　$\bar{x}$ の度数分布表

階級	度数	相対度数
60～61	0	0%
61～62	1	0.1%
62～63	0	0%
63～64	5	0.5%
64～65	11	1.1%
65～66	20	2.0%
66～67	24	2.4%
67～68	31	3.1%
68～69	50	5%
69～70	88	8.8%
70～71	103	10.3%
71～72	99	9.9%
72～73	103	10.3%
73～74	89	8.9%
74～75	102	10.2%
75～76	85	8.5%
76～77	64	6.4%
77～78	31	3.1%
78～79	33	3.3%
79～80	16	1.6%
80～81	10	1%
81～82	18	1.8%
82～83	9	0.9%
83～84	5	0.5%
84～85	1	0.1%
85～86	1	0.1%
86～87	1	0.1%
87～88	0	0%

2.5%（60～61 から 64～65 まで）
95%（64～65 から 82～83 まで）
2.5%（82～83 から 87～88 まで）

中心極限定理と
どこが違うのかなあ？

1000回
くり返しました
母集団の正規性は
仮定していません

第7章

データから検定する

仮説の検定

7.1 平均値をテストする――◉母平均の検定

次のデータは，全国の小学６年生から抽出された児童９人の国語の全国テストの点数です．

この国語のテストでは，平均点が 60 点になるように作成されたのだが，その目標は達成されているのだろうか？

表 7.1.1 国語の点数

No.	国語
1	63
2	57
3	72
4	65
5	73
6	95
7	84
8	82
9	58

標本データ ➡

母集団
全国の平均点
μ = 60?

全国の平均点が
60 点なのかなあ？

このようなときは，全国の国語の平均点が 60 点かどうか，仮説の検定をしてみよう．

ところで，この９個の標本データの平均値 $\bar{x}$ は

$$\bar{x} = \frac{63 + 57 + \cdots + 58}{9} = 72.1$$

⬅標本平均

となっています．

■仮説の検定

仮説の検定とは ⬅ test of hypothesis

"母集団に対する仮説を，データの情報からテストすること"

です．次のように表現できます．

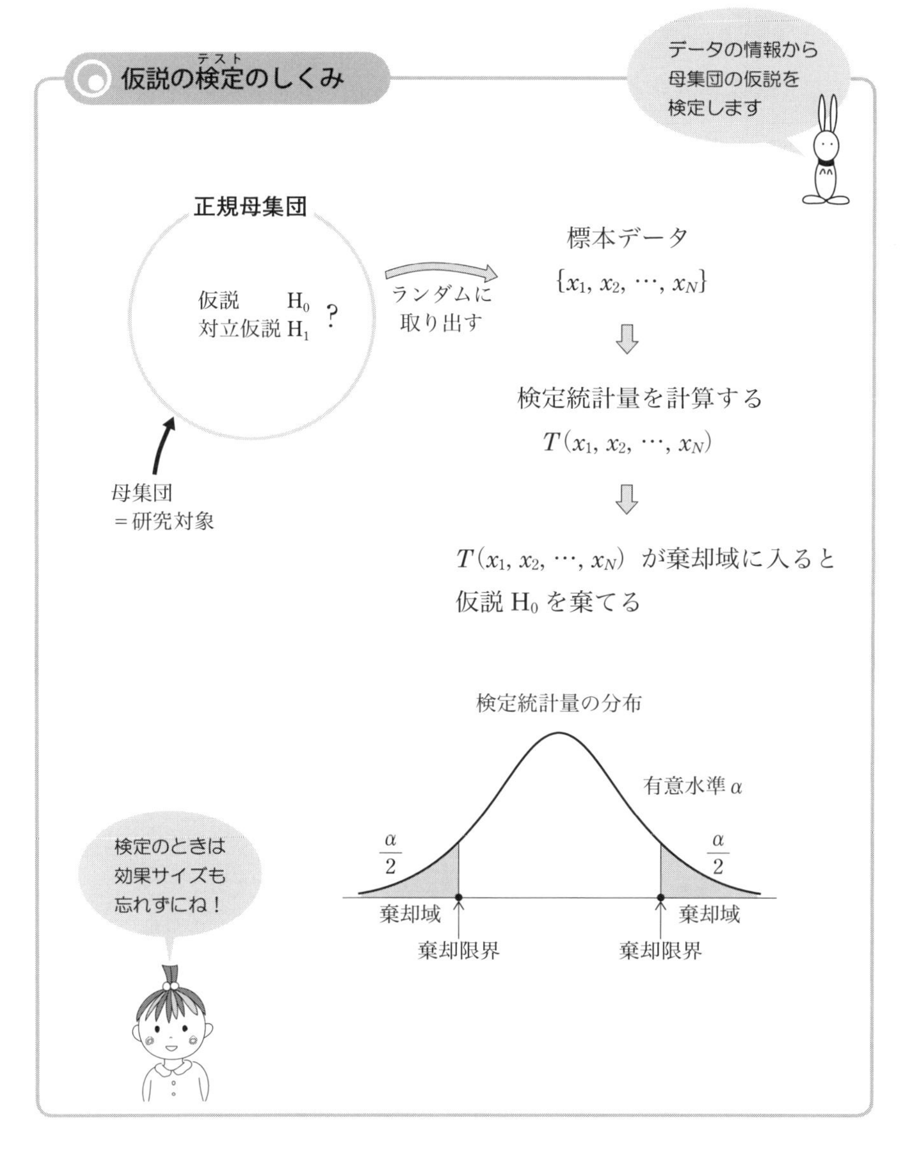

仮説の検定には，次のような数学的背景があります．

母平均の検定統計量と棄却域

母集団に，仮説をたてる．

仮説 H_0：正規母集団 $N(\mu,\ \sigma^2)$ の母平均 μ は μ_0 である

この仮説 H_0 が成り立つとき，
母集団から抽出された標本データ $\{x_1, x_2, \cdots, x_N\}$ に関して

“$\overline{x} = \dfrac{x_1 + x_2 + \cdots + x_N}{N}$ の分布は，正規分布 $N\left(\mu_0, \dfrac{\sigma^2}{N}\right)$ に従う”．

このとき，標本分散を s^2 とすれば，検定統計量

“$T(\overline{x}\ , s^2) = \dfrac{\overline{x} - \mu_0}{\sqrt{\dfrac{s^2}{N}}}$ は 自由度 $N-1$ の t 分布に従う”

そこで，……

この検定統計量 $T(\overline{x}, s^2)$ が，次の棄却域に入ると，

“めったに起こらない事が起きてしまった!!”

と考え，そして，その原因は

“母集団に対する仮説 H_0 がまちがっていた”

とする．

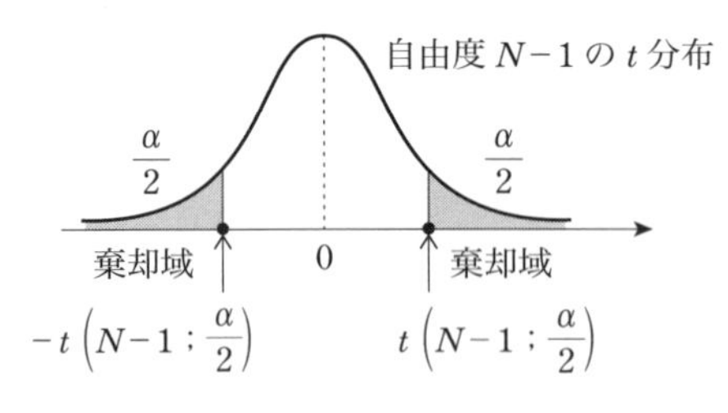

図 7.1.1　有意水準 α の棄却域

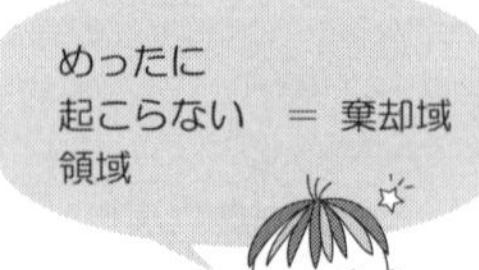

■統計量の分布──すべての分布は正規分布から

次の定理は，統計量の分布に関して最も大切なものです．

定理

確率変数 $X_1, X_2, \cdots, X_n$ が互いに独立に正規分布 $N(\mu, \sigma^2)$ に従うとき，

$$\text{統計量 } T = \frac{X_1 + X_2 + \cdots + X_n}{n}$$

の分布は，正規分布 $N\left(\mu, \dfrac{\sigma^2}{n}\right)$ となる．

この定理は，次のように翻訳することができます．

定理の翻訳

N 個のデータ $\{x_1\ x_2\ \cdots\ x_N\}$ が正規母集団 $N(\mu, \sigma^2)$ から
ランダムに抽出されたとき，

$$\text{平均 } \bar{x} = \frac{x_1 + x_2 + \cdots + x_N}{N}$$

の分布は，正規分布 $N\left(\mu, \dfrac{\sigma^2}{N}\right)$ になります．

■統計のための３つの手順

統計のための３つの手順は，次のようになります．

手順❶　仮説と対立仮説をたてる
手順❷　検定統計量を計算する
手順❸　検定統計量が棄却域に入るとき，仮説を棄てる

■3通りの対立仮説

仮説の検定で大切なポイントは

“対立仮説 H_1 のたて方!!”

にあります.

もちろん，仮説 H_0 を否定したものが対立仮説 H_1 となりますが，この **否定のし方** には，次の3通りが考えられます.

仮説 H_0：$\mu = \mu_0$（母平均は μ_0 だ！）

① 対立仮説 H_1：$\mu \neq \mu_0$ ⬅両側検定
[母平均は μ_0 ではない]

② 対立仮説 H_1：$\mu < \mu_0$ ⬅片側検定
[母平均は μ_0 より小さい]

③ 対立仮説 H_1：$\mu > \mu_0$ ⬅片側検定
[母平均は μ_0 より大きい]

したがって，棄却域も次の3通りに分かれることになります.

① 対立仮説 H_1：$\mu \neq \mu_0$ ⬅両側検定

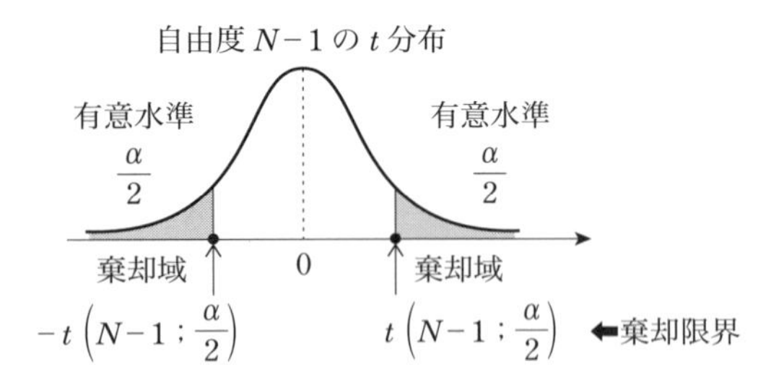

このとき

$$|T(\overline{x}, s^2)| \geqq t\left(N-1\ ;\ \frac{\alpha}{2}\right)$$

ならば，仮説 H_0 を棄却して，対立仮説 H_1 を採択する.

② 対立仮説 H_1： $\mu < \mu_0$ ⬅片側検定

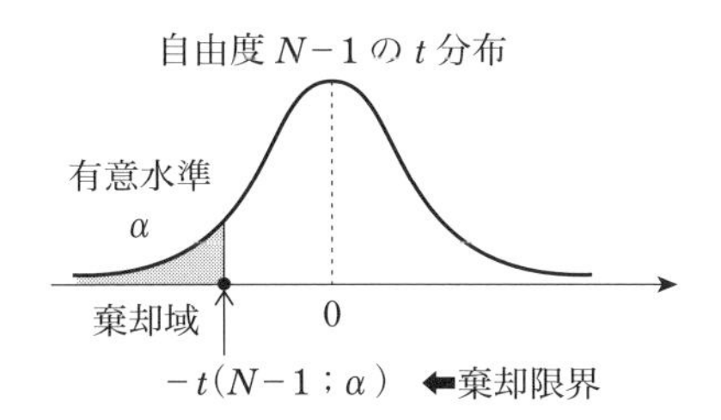

このとき

$$T(\overline{x}, s^2) \leqq -t(N-1;\alpha)$$

ならば，仮説 H_0 を棄却して，対立仮説 H_1 を採択する．

③ 対立仮説 H_1： $\mu > \mu_0$ ⬅片側検定

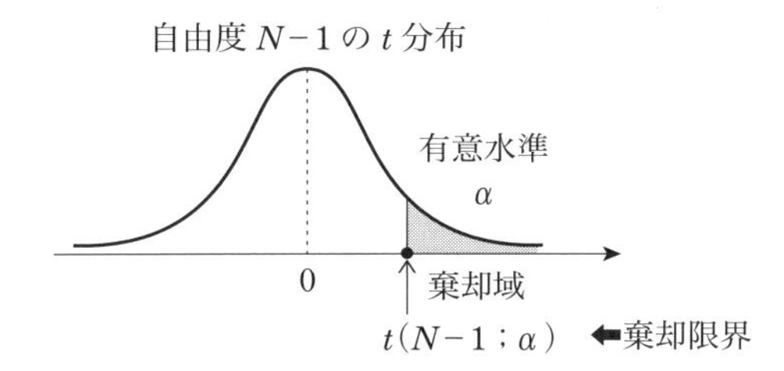

このとき

$$T(\overline{x}, s^2) \geqq t(N-1;\alpha)$$

ならば，仮説 H_0 を棄却して，対立仮説 H_1 を採択する．

どの対立仮説を
たてればいいの？

データを集めてくると
どの対立仮説がよいか
すぐに気づきます！

拡大鏡

仮説と対立仮説を逆にすると……

仮説　　 H_0： $\mu \neq \mu_0$

対立仮説 H_1： $\mu = \mu_0$

となりますが，これでは，検定統計量の分布が決まりません?!

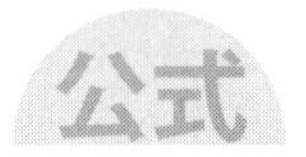

すぐわかる**母平均の検定**の公式・その①

手順 1　仮説と対立仮説をたてる.

仮説　　　H_0： $\mu = \mu_0$

対立仮説 H_1： $\mu \neq \mu_0$　　　　←両側検定

手順 2　データから, 次の統計量を計算する.

データ

No.	x	x^2
1	x_1	${x_1}^2$
2	x_2	${x_2}^2$
⋮	⋮	⋮
N	x_N	${x_N}^2$
合計	Σx_i	$\Sigma {x_i}^2$

標本平均

$$\bar{x} = \frac{\Sigma x_i}{N}$$

標本分散

$$s^2 = \frac{N \times \Sigma {x_i}^2 - (\Sigma x_i)^2}{N \times (N-1)}$$

手順 3　検定統計量 $T(\bar{x}, s^2)$ を求める.

$$T(\bar{x}, s^2) = \frac{\bar{x} - \mu_0}{\sqrt{\dfrac{s^2}{N}}}$$

見比べてね〜

手順 4　検定統計量と棄却限界を比較する.

有意水準を α とし, t 分布の数表から

棄却限界 $t\left(N-1\,;\,\dfrac{\alpha}{2}\right)$ を求める. このとき,

$$|T(\bar{x}, s^2)| \geqq t\left(N-1\,;\,\frac{\alpha}{2}\right)$$

ならば, 仮説 H_0 を棄却する.

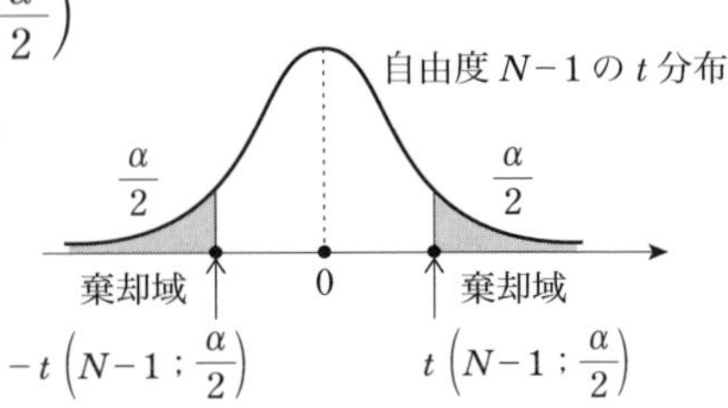

母平均の検定の例題・その①

手順 1　仮説と対立仮説をたてると……

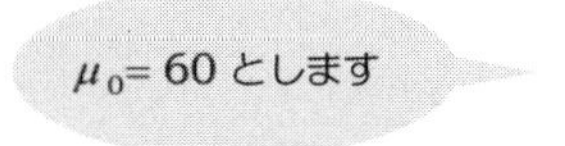

仮説　　H_0：$\mu = 60$

対立仮説 H_1：$\mu \neq 60$

⬅両側検定

手順 2　データから，次の統計量を計算すると……

No.	国語	2 乗
1	63	3969
2	57	3249
3	72	5184
4	65	4225
5	73	5329
6	95	9025
7	84	7056
8	82	6724
9	58	3364
合計	649	48125

標本平均

$$\overline{x} = \frac{\boxed{649}}{\boxed{9}} = \boxed{72.1}$$

標本分散

$$s^2 = \frac{\boxed{9} \times \boxed{48125} - \boxed{649}^2}{\boxed{9} \times (\boxed{9} - 1)}$$

$$= \boxed{165.611}$$

手順 3　検定統計量 $T(\overline{x}, s^2)$ を求めると……

$$T(\overline{x}, s^2) = \frac{\boxed{72.1} - \boxed{60}}{\sqrt{\dfrac{\boxed{165.611}}{\boxed{9}}}} = \boxed{2.821}$$

手順 4　検定統計量と棄却限界を比較すると……

有意水準を $\alpha = 0.05$ とし，t 分布の数表から

棄却限界 $t\left(9-1\,;\,\dfrac{0.05}{2}\right)$ を求めると

$$T(\overline{x}, s^2) = \boxed{2.821} > t(9-1\,;\,\boxed{0.025}) = \boxed{2.306}$$

なので，仮説 H_0 は棄てられる．

したがって，国語の平均点が 60 点ではない．

すぐわかる母平均の検定の公式・その②

手順1 仮説と対立仮説をたてる.

仮説　　H_0 : $\mu = \mu_0$

対立仮説 H_1 : $\mu < \mu_0$　　　←片側検定

手順2 データから，次の統計量を計算する.

データ

No.	x	x^2
1	x_1	${x_1}^2$
2	x_2	${x_2}^2$
⋮	⋮	⋮
N	x_N	${x_N}^2$
合計	Σx_i	$\Sigma {x_i}^2$

標本平均

$$\overline{x} = \frac{\Sigma x_i}{N}$$

標本分散

$$s^2 = \frac{N \times \Sigma {x_i}^2 - (\Sigma x_i)^2}{N \times (N-1)}$$

手順3 検定統計量 $T(\overline{x}, s^2)$ を求める.

$$T(\overline{x}, s^2) = \frac{\overline{x} - \mu_0}{\sqrt{\dfrac{s^2}{N}}}$$

手順4 検定統計量と棄却限界を比較する.

有意水準を α とし，t 分布の数表から

棄却限界 $t(N-1\ ;\ \alpha)$ を求める.

このとき,

$$T(\overline{x}, s^2) \leqq -t(N-1\ ;\ \alpha)$$

ならば，仮説 H_0 を棄却する.

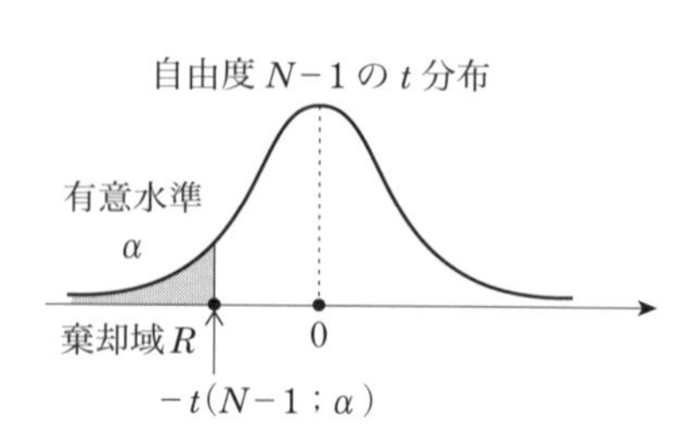

母平均の検定の例題・その②

手順 1　仮説と対立仮説をたてると……

仮説　　　H_0：$\mu = 75$

対立仮説 H_1：$\mu < 75$　⬅片側検定

手順 2　データから，次の統計量を計算すると……

No.	国語	2乗
1	63	3969
2	57	3249
3	72	5184
4	65	4225
5	73	5329
6	95	9025
7	84	7056
8	82	6724
9	58	3364
合計	649	48125

標本平均

$$\bar{x} = \frac{\boxed{649}}{\boxed{9}} = \boxed{72.1}$$

標本分散

$$s^2 = \frac{\boxed{9} \times \boxed{48125} - \boxed{649}^2}{\boxed{9} \times (\boxed{9} - 1)} = \boxed{165.611}$$

手順 3　検定統計量 $T(\bar{x}, s^2)$ を求めると……

$$T(\bar{x}, s^2) = \frac{\boxed{72.1} - \boxed{75}}{\sqrt{\dfrac{\boxed{165.611}}{\boxed{9}}}} = \boxed{-0.676}$$

手順 4　検定統計量と棄却限界を比較すると……

有意水準を $\alpha = 0.05$ とし，t 分布の数表から

棄却限界 $t(9-1\,;0.05)$ を求めると

$$T(\bar{x}, s^2) = \boxed{-0.676} > t(9-1\,;\boxed{0.05}) = \boxed{-1.860}$$

なので，仮説 H_0 は棄てられない．

したがって，国語の平均点が 75 点より低いとはいえない．

すぐわかる**母平均の検定**の公式・その③

手順1 仮説と対立仮説をたてる．

仮説 H_0：$\mu = \mu_0$

対立仮説 H_1：$\mu > \mu_0$ ⬅片側検定

手順2 データから，次の統計量を計算する．

データ

No.	x	x^2
1	x_1	${x_1}^2$
2	x_2	${x_2}^2$
⋮	⋮	⋮
N	x_N	${x_N}^2$
合計	Σx_i	$\Sigma {x_i}^2$

標本平均

$$\overline{x} = \frac{\Sigma x_i}{N}$$

標本分散

$$s^2 = \frac{N \times \Sigma {x_i}^2 - (\Sigma x_i)^2}{N \times (N-1)}$$

手順3 検定統計量 $T(\overline{x}, s^2)$ を求める．

$$T(\overline{x}, s^2) = \frac{\overline{x} - \mu_0}{\sqrt{\dfrac{s^2}{N}}}$$

手順4 検定統計量と棄却限界を比較する．

有意水準を α とし，t 分布の数表から

棄却限界 $t(N-1\,;\,\alpha)$ を求める．

このとき，

$$T(\overline{x}, s^2) \geqq t(N-1\,;\,\alpha)$$

ならば，仮説 H_0 を棄却する．

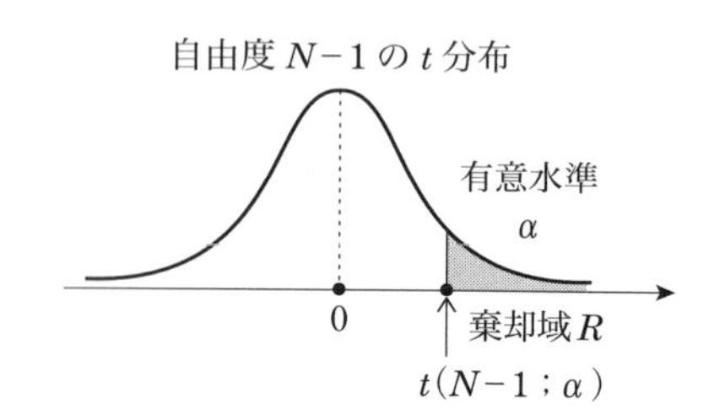

母平均の検定の例題・その③

手順 1　仮説と対立仮説をたてると……

仮説　　H_0：$\mu = 65$

対立仮説 H_1：$\mu > 65$　　←片側検定

手順 2　データから，次の統計量を計算すると……

No.	国語	2 乗
1	63	3969
2	57	3249
3	72	5184
4	65	4225
5	73	5329
6	95	9025
7	84	7056
8	82	6724
9	58	3364
合計	649	48125

標本平均

$$\bar{x} = \frac{\boxed{649}}{\boxed{9}} = \boxed{72.1}$$

標本分散

$$s^2 = \frac{\boxed{9} \times \boxed{48125} - \boxed{649}^2}{\boxed{9} \times (\boxed{9} - 1)} = \boxed{165.611}$$

手順 3　検定統計量 $T(\bar{x}, s^2)$ を求めると……

$$T(\bar{x}, s^2) = \frac{\boxed{72.1} - \boxed{65}}{\sqrt{\dfrac{\boxed{165.611}}{\boxed{9}}}} = \boxed{1.655}$$

手順 4　検定統計量と棄却限界を比較すると……

有意水準を $\alpha = 0.05$ とし，t 分布の数表から

棄却限界 $t(9-1\,;0.05)$ を求めると

$$T(\bar{x}, s^2) = \boxed{1.655} < t(9-1\,;\boxed{0.05}) = \boxed{1.860}$$

なので，仮説 H_0 は棄てられない.

したがって，国語の平均点が 65 点より高いとはいえない.

母平均の検定の演習

次のデータは，ある地域に流れこむ河川の溶存酸素量を調査したものです．

溶存酸素量は川の汚染度を測る値で，きれいな川の溶存酸素量は 8.5 ppm 前後といわれています．

この地域にそそぐ河川はきれいな川といえるでしょうか．

そこで，……

平均溶存酸素量は 8.5 ppm かどうか，母平均の検定をしよう．

表 7.1.2　河川の溶存酸素量（ppm）

河川	酸素量
A　川	11.8
B　川	7.2
C　川	5.2
D　川	3.8
E　川	8.1
F　川	8.6
G　川	6.8
H　川	10.4
I　川	4.8

溶存酸素量の値が
小さいほど
川が汚れている
わけだけど……

主張したいことはなにかな～

仮説は
一般的には成り立って
欲しいものですが
統計的検定では
そうではありません

つまり
対立仮説 H_1 の方を
主張したいので
仮説 H_0 それ自体を
棄ててしまうのです

手順 1　仮説をたてよう.

仮説　　H_0： $\mu = 8.5$

対立仮説 H_1： $\mu \neq 8.5$　　⬅両側検定

手順 2　データから，次の統計量を計算しよう.

No.	酸素量 x	x^2
1	11.8	
2	7.2	
3	5.2	27.04
4	3.8	
5	8.1	
6	8.6	
7	6.8	
8	10.4	
9	4.8	
合計		

標本平均

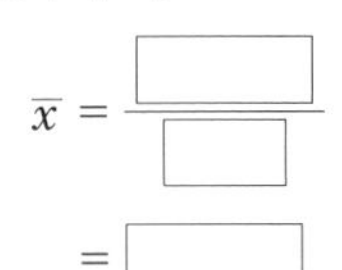

標本分散

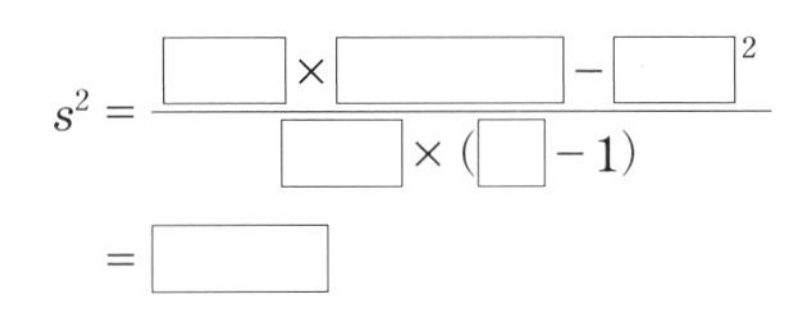

手順 3　検定統計量 $T(\overline{x}, s^2)$ を求めよう.

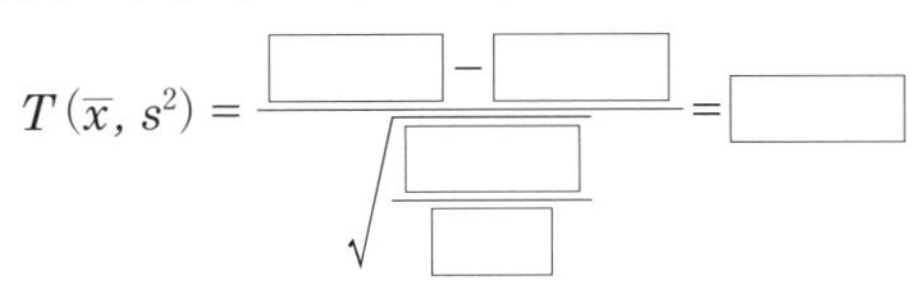

手順 4　検定統計量と棄却限界を比較しよう.

有意水準を $\alpha = 0.05$ としよう.

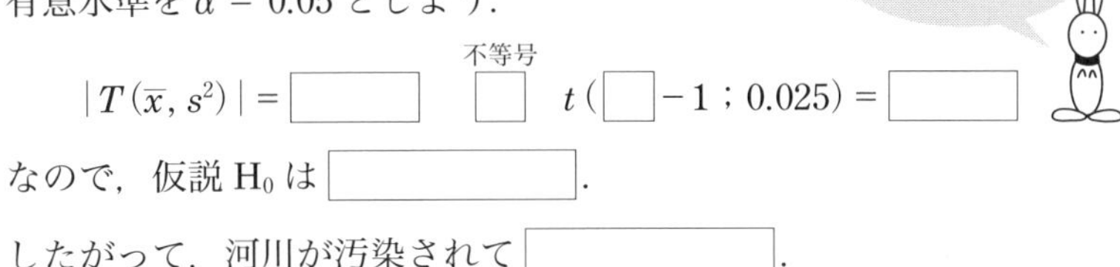

なので，仮説 H_0 は □.

したがって，河川が汚染されて □.

解説

7.2 比率をテストする――◉母比率の検定(テスト)

次のデータは，全国の小学６年生から抽出された児童 60 人の英語の全国テストの成績です．

この英語のテストでは，80 点以上の児童の比率が 10%になるように作成されたのだが，その目標は達成されているのだろうか？

表 7.2.1　英語の成績

カテゴリ	80 点以上	80 点未満	合計
英語	15 人	45 人	60 人

そこで，英語の全国テストで 80 点以上の児童の比率が 10%かどうか，母比率の検定をしてみよう．

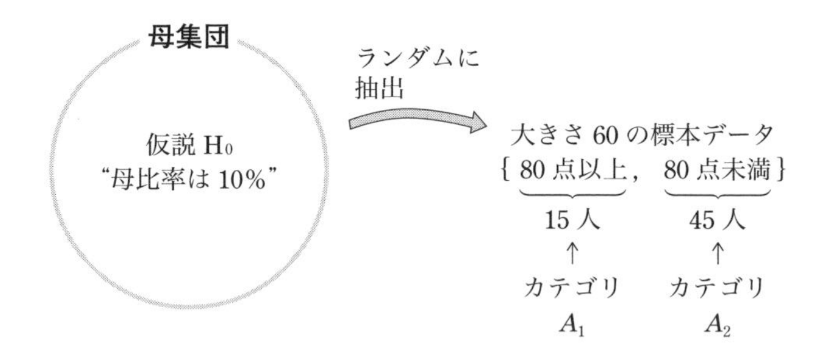

ところで，この標本データの比率は

$$\frac{m}{N} = \frac{15}{60}$$

⬅標本比率

になっています．

解説

母比率の検定の手順は母平均の検定の場合と同じです．

母集団の比率を p とおくと，仮説は

$$\text{仮説}\qquad H_0 : p = 0.1$$

となります．

この仮説に対し，対立仮説は

$$\text{対立仮説}\ H_1 : p \neq 0.1$$

←両側検定

とおくことにします．

このとき，母比率の検定統計量 $T(m)$ は

$$T(m) = \frac{\dfrac{m}{N} - 0.1}{\sqrt{\dfrac{0.1 \times (1 - 0.1)}{N}}}$$

になります．

この検定統計量 $T(m)$ の棄却域は，次の図のようになるので……

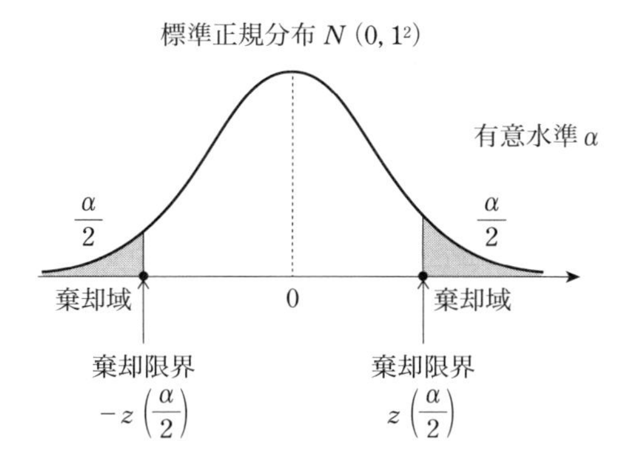

検定統計量 $T(m)$ と棄却限界 $z\left(\dfrac{\alpha}{2}\right)$ を比較します．

この検定は
期待度数 $N \times p_i \geqq 5$
のときにおこないます

すぐわかる母比率の検定の公式

手順1 仮説と対立仮説をたてる.

仮説　　$H_0 : p = p_0$

対立仮説 $H_1 : p \neq p_0$　　←両側検定

手順2 データから，次の検定統計量を求める.

データ

カテゴリ	A_1	A_2	合計
標本データ	$x_1, x_2, \cdots, x_m$	$x_{m+1}, x_{m+2}, \cdots, x_N$	
標本の大きさ	m 個	$N-m$ 個	N 個

$$T(m) = \frac{\dfrac{m}{N} - p_0}{\sqrt{\dfrac{p_0 \times (1-p_0)}{N}}}$$

見比べてね〜

手順3 検定統計量と棄却限界を比較する.

有意水準を α とし，

標準正規分布の数表から，棄却限界 $z\left(\dfrac{\alpha}{2}\right)$ を求める.

このとき

$$|T(m)| \geqq z\left(\frac{\alpha}{2}\right)$$

ならば，仮説 H_0 を棄てる.

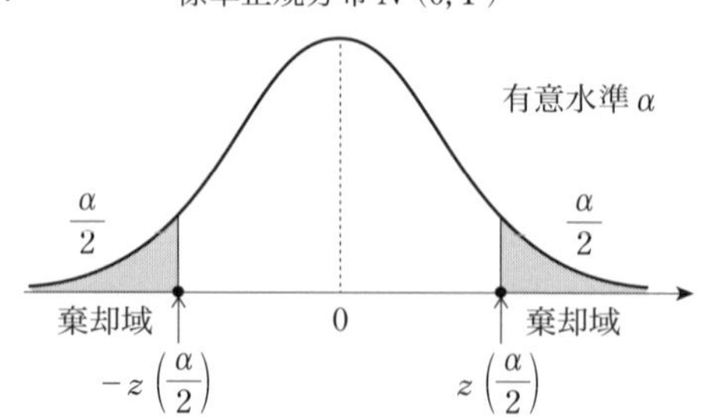

母比率の検定の例題

手順 1　仮説と対立仮説をたてると……

仮説　　　$H_0 : p = 0.1$

対立仮説 $H_1 : p \neq 0.1$　　　⬅両側検定

手順 2　データから，次の検定統計量を求めると……

カテゴリ	80 点以上	80 点未満	合計
英語	15 人	45 人	60 人

$$T(m) = \frac{\boxed{15}/\boxed{60} - \boxed{0.1}}{\sqrt{\dfrac{\boxed{0.1} \times (1 - \boxed{0.1})}{\boxed{60}}}} = \boxed{3.873}$$

手順 3　検定統計量と棄却限界を比較すると……

有意水準を $\alpha = 0.05$ とし，

標準正規分布の数表から，棄却限界 $z\left(\frac{0.05}{2}\right)$ を求めると

$$T(m) = \boxed{3.873} \geqq z\left(\frac{0.05}{2}\right) = \boxed{1.96}$$

なので，仮説 H_0 は棄てられる．

したがって，英語のテストが 80 点以上の児童の母比率は 10%ではないと考えられる．

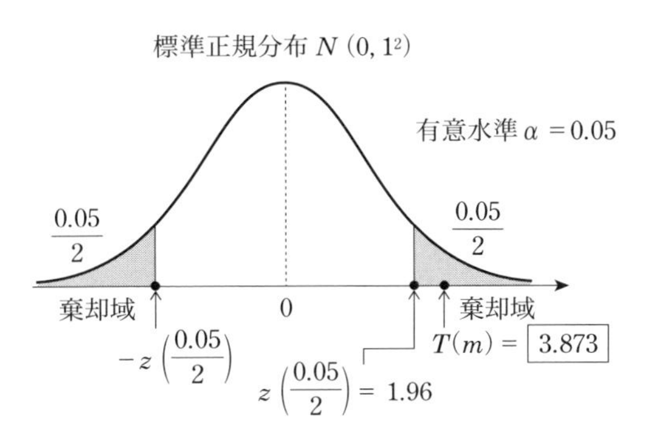

母比率の検定の演習

次のデータは政党Aの支持率についてアンケート調査した結果です．

その政党はつねづね

“国民の 35％に支持されている!!”

と主張しているのだが，その主張は認められるだろうか？

そこで，……

この政党の支持率が 35％かどうか母比率の検定をしよう．

表 7.2.2 あなたはその政党を支持しますか？

カテゴリ	支持する	支持しない	合計
人数	3897 人	8103 人	12000 人

35%より多い場合
“その主張の真偽を
問題にすることはない”
と考えるときは
片側検定をします

仮説 H_0：支持率＝0.35

対立仮説 H_1：支持率＜0.35

手順 1 仮説と対立仮説をたてよう．

仮説　　　H_0：支持率は35％である

対立仮説 H_1：支持率は35％でない　　　　⬅両側検定

手順 2 データから，次の検定統計量を求めよう．

カテゴリ	支持する	支持しない	合計
人数	3897人	8103人	12000人

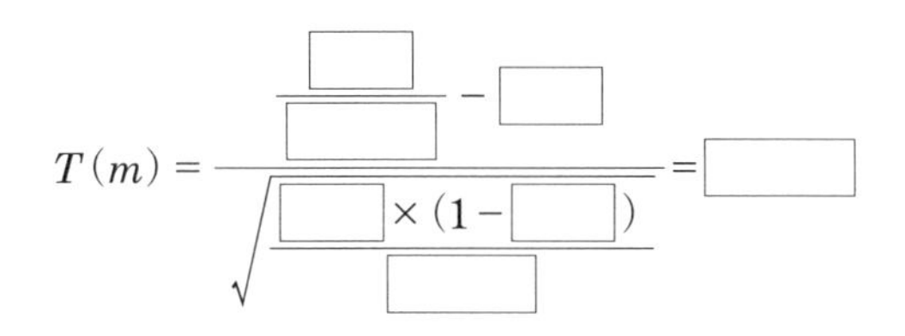

手順 3 検定統計量と棄却限界を比較しよう．

有意水準を $\alpha = 0.05$ として，

標準正規分布の数表から，棄却限界 $z\left(\frac{0.05}{2}\right)$ を求めよう．

$$T(m) = \square \quad \square \quad -z(0.025) = \square$$

なので，仮説 H_0 は □．

したがって，この政党の支持率は，35％で □．

7.3 理論値とのズレを測る――◉適合度検定

次のデータは，全国の小学6年生から抽出された児童60人の算数の全国テストの成績です．

表7.3.1　算数の成績　⬅標本データ

カテゴリ	40点未満	40点以上80点未満	80点以上	合計
算数	11人	41人	8人	60人

この算数のテストでは，成績別パーセントが表7.3.2のように作成されています．

表7.3.2　算数の成績別のパーセント　⬅理論値

カテゴリ	40点未満	40点以上80点未満	80点以上	合計
算数	10%	80%	10%	100%

"標本の比11：41：8は，理論の比10：80：10に合っている"といえるだろうか？

このようなときは，適合度検定をしてみよう．

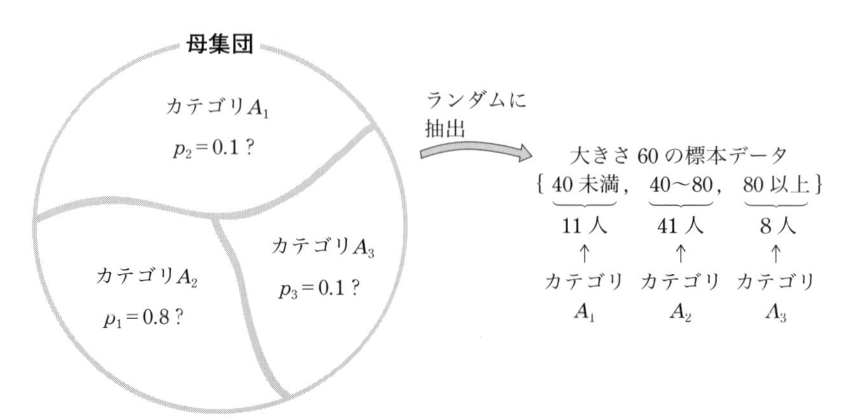

適合度検定とは，母集団を n 個の**カテゴリ** $A_1, A, \cdots, A_n$ に分け，それぞれの起こる確率を $p_1, p_2, \cdots, p_n$ としたとき，

$$\text{仮説 } H_0：Pr(A_1)=p_1,\ Pr(A_2)=p_2,\ \cdots,\ Pr(A_n)=p_n$$

を検定する手法のこと．

そこで，表 7.3.2 の場合，仮説を

$$\text{仮説 } H_0：p_1=0.1,\ p_2=0.8,\ p_3=0.1$$

としよう．

このとき，次の表

表 7.3.3　実測度数と期待度数

カテゴリ	カテゴリ A_1	カテゴリ A_2	カテゴリ A_3	合計
実測度数	$f_1=11$	$f_2=41$	$f_3=8$	$N=60$
期待度数	$N\times p_1=60\times 0.1$	$N\times p_2=60\times 0.8$	$N\times p_3=60\times 0.1$	$N=60$

を利用すれば，検定統計量 $T(f_i)$

$$T(f_i)=\frac{(f_1-N\times p_1)^2}{N\times p_1}+\frac{(f_2-N\times p_2)^2}{N\times p_2}+\frac{(f_3-N\times p_3)^2}{N\times p_3}$$

⬅ただし
期待度数
$N\times p_i \geqq 5$

を簡単に求めることができます．

この検定統計量 $T(f_i)$ は自由度３－１のカイ２乗分布に従うので，

$$T(f_i)\geqq \chi^2(3-1：\alpha)$$

⬅自由度は $n-1$

ならば，有意水準 α で仮説 H_0 は棄却されます．

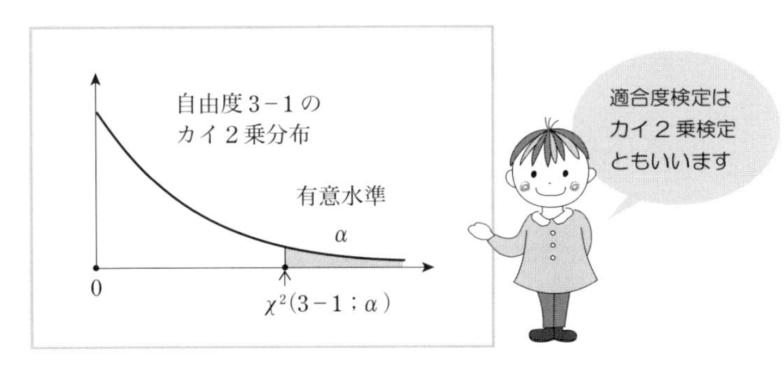

すぐわかる適合度検定の公式

手順 1　仮説をたてる．

仮説 H_0：$Pr(A_1)=p_1,\ Pr(A_2)=p_2,\ \cdots,\ Pr(A_n)=p_n$

手順 2　データから，次の統計量を計算する．

データ

カテゴリ	実測度数 f_i	期待度数 $N\times p_i$	$f_i-N\times p_i$
A_1	f_1	$N\times p_1$	f_1-Np_1
A_2	f_2	$N\times p_2$	f_2-Np_2
⋮	⋮	⋮	⋮
A_n	f_n	$N\times p_n$	$f_n-N\times p_n$
合計	N	N	

⬅ $N\times p_i \geqq 5$

手順 3　検定統計量 $T(f_i)$ を求める．

$$T(f_i)=\frac{(f_1-N\times p_1)^2}{N\times p_1}+\frac{(f_2-N\times p_2)^2}{N\times p_2}+\cdots+\frac{(f_n-N\times p_n)^2}{N\times p_n}$$

手順 4　検定統計量と棄却限界を比較する．

有意水準を α とし，カイ２乗分布の数表から

棄却限界 $\chi^2(n-1\,;\alpha)$ を求める．

$$T(f_i)\geqq\chi^2(n-1\,;\alpha)$$

のとき，仮説 H_0 は棄却される．

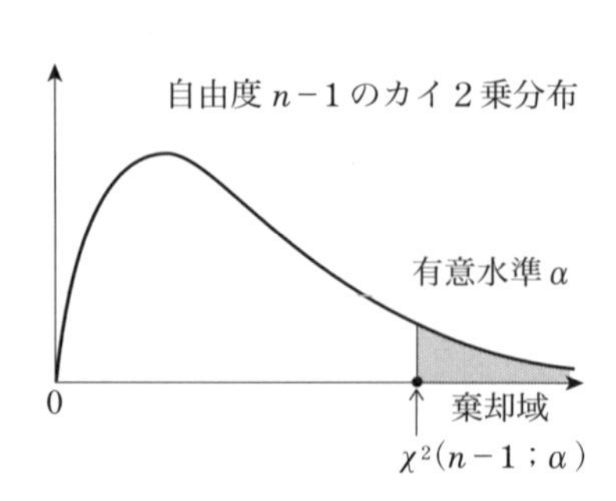

適合度検定の例題

手順 1 仮説をたてると……

$$仮説\ H_0：p_1=0.1,\ p_2=0.8,\ p_3=0.1$$

⬅カテゴリ A_i の確率 $p_i=P(A_i)$

手順 2 データから，次の統計量を計算すると……

カテゴリ	実測度数 f_i	期待度数 $N\times p_i$	$f_i-N\times p_i$
A_1	11	$60\times 0.1=$ 6	$11-6=$ 5
A_2	41	$60\times 0.8=$ 48	$41-48=$ −7
A_3	8	$60\times 0.1=$ 6	$8-6=$ 2
合計	60	60	

手順 3 検定統計量 $T(f_i)$ を求めると……

$$T(f_i)=\frac{\boxed{5}^2}{\boxed{6}}+\frac{(\boxed{-7})^2}{\boxed{48}}+\frac{\boxed{2}^2}{\boxed{6}}=\boxed{5.854}$$

手順 4 検定統計量と棄却限界を比較すると……

有意水準を $\alpha=0.05$ とし，カイ２乗分布の数表から

棄却限界 $\chi^2(3-1;0.05)$ を求めると

$$T(f_i)=\boxed{5.854}<\chi^2(3-1;0.05)=\boxed{5.991}$$

なので，仮説 H_0 は棄てられない．

したがって，算数の成績別パーセントは

10：80：10 に適合していると考えられる．

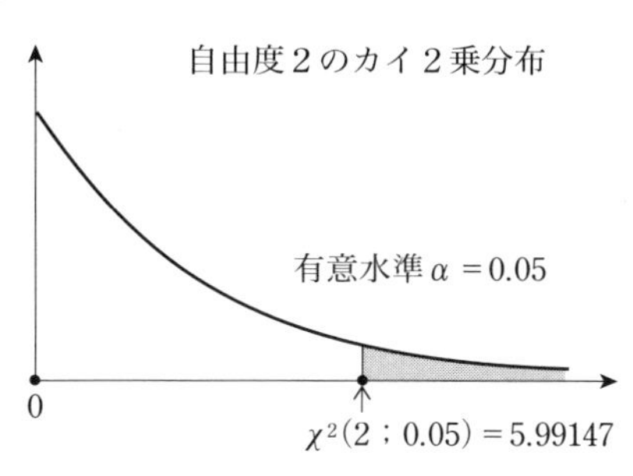

適合度検定の演習

次のデータはショウジョウバエの遺伝子に関する実験結果です.

ショウジョウバエの遺伝の法則では,

“野生型メス, 野生型オス, 白眼オスの比は 2：1：1 になる”

といわれています.

この理論比 2：1：1 が正しいかどうか, 適合度検定をしてみよう.

表 7.3.4　ショウジョウバエの遺伝様式

カテゴリ	野生型メス	野生型オス	白眼オス	合計
ハエの数	592 匹	331 匹	281 匹	1204 匹

↑
標本データ

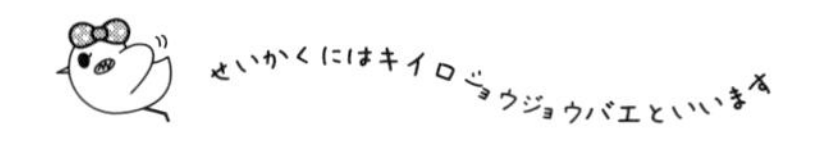

この数値をそれぞれ 2 倍して
592×2 匹
331×2 匹
281×2 匹
としたとき
この仮説は棄却されます

この遺伝の法則が
棄却されたら
どうなるの？

手順 1　仮説をたてよう.

$$\text{仮説 } H_0 : \begin{cases} \text{野生型メス } p_1 = 0.5 \\ \text{野生型オス } p_2 = 0.25 \\ \text{白眼　オス } p_3 = 0.25 \end{cases}$$

⬅ $\frac{2}{4} = 0.5$, $\frac{1}{4} = 0.25$, $\frac{1}{4} = 0.25$

手順 2　データから，次の統計量を計算しよう.

カテゴリ	実測度数 f_i	期待度数 $N \times p_i$	$f_i - N \times p_i$
野生型メス	592		
野生型オス	331		
白眼　オス	281		
合　計			

手順 3　検定統計量 $T(f_i)$ を求めよう.

$$T(f_i) = \frac{\boxed{}^2}{\boxed{}} + \frac{\boxed{}^2}{\boxed{}} + \frac{\boxed{}^2}{\boxed{}} = \boxed{}$$

手順 4　検定統計量と棄却限界を比較しよう.

有意水準を $\alpha = 0.05$ とし，

カイ 2 乗分布の数表から，棄却限界 $\chi^2(3-1\,;\,0.05)$ を求めると

$$T(f_i) = \boxed{} \quad \boxed{} \quad \chi^2(\boxed{} - 1\,;\,0.05) = \boxed{}$$

なので，仮説 H_0 は □.

したがって，野生型メス，野生型オス，白眼のオスの比は

2：1：1 であると □.

第 **8** 章

2組のデータを比較する(1)

差の検定

8.1 2つの母平均に差があることを示したい

次のデータは，全国の小学６年生から抽出された女子児童９人と男子児童８人の国語の全国テストの点数です．

この標本データは，どのように分析すればよいのだろうか？

表 8.1.1 国語の点数

女子児童のグループ（標本データ）

No.	国語
1	63
2	57
3	72
4	65
5	73
6	95
7	84
8	82
9	58

男子児童のグループ（標本データ）

No.	国語
1	41
2	58
3	42
4	53
5	56
6	73
7	54
8	82

このようなとき，興味があるのは

“２つのグループの間に差があるのだろうか？”

ということです．

そこで，

２つの母平均の差の検定

をしてみよう．

解説

■検定のための３つの手順

検定のための３つの手順は，次のようになります．

> 手順❶　仮説と対立仮説をたてる
> 手順❷　検定統計量を計算する
> 手順❸　検定統計量が棄却域に入るとき，仮説を棄てる

手順❶の仮説は，次のようになります．

正規母集団 A
（女子児童）

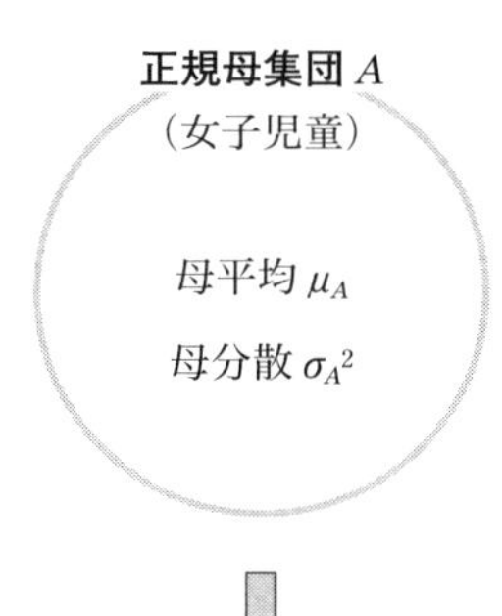

正規母集団 B
（男子児童）

大きさ９の標本データ
$\{63, 57, \cdots, 58\}$
標本平均 $\bar{x}_A = 72.1$
標本分散 $s_A{}^2 = 165.61$

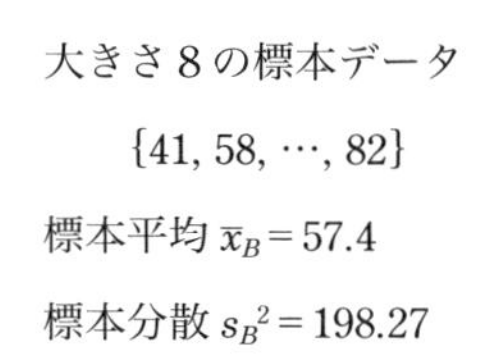

大きさ８の標本データ
$\{41, 58, \cdots, 82\}$
標本平均 $\bar{x}_B = 57.4$
標本分散 $s_B{}^2 = 198.27$

そこで，２つのグループの母平均 μ_A，μ_B に対して

$$\text{仮説 } \mathrm{H}_0 : \mu_A = \mu_B$$

と仮説をたてます．

■3通りの対立仮説

検定のとき大切な点は，対立仮説 H_1 のたて方です．

対立仮説のたて方には，次の3通りがあります．

① 対立仮説 H_1：$\mu_A \neq \mu_B$

② 対立仮説 H_1：$\mu_A < \mu_B$

③ 対立仮説 H_1：$\mu_A > \mu_B$

このとき，対立仮説と棄却域は，次のようになります．

① 対立仮説 H_1：$\mu_A \neq \mu_B$ のとき ⬅両側検定

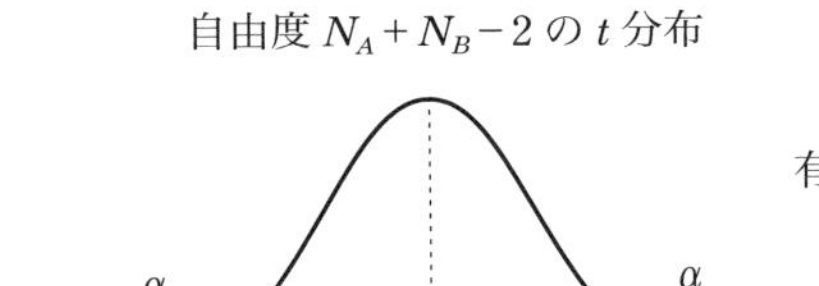
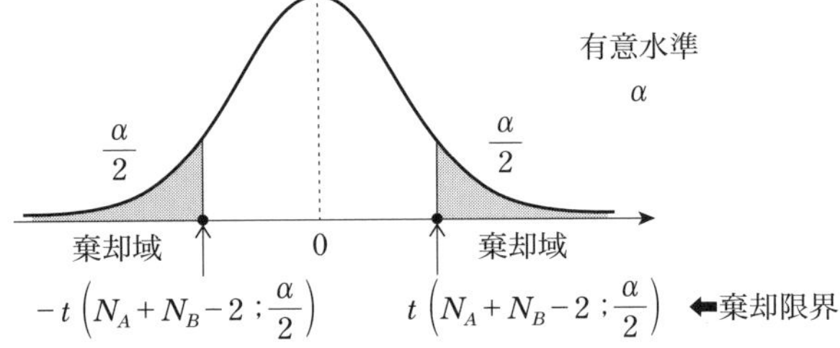

検定統計量がこの棄却域に入ると

仮説 H_0 を棄却して，対立仮説 H_1 を採択します．

したがって，

“グループAとグループBの母平均は異なる”

と結論を出します．

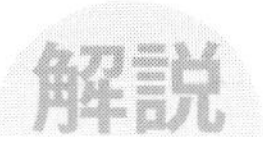

② 対立仮説 H_1： $\mu_A < \mu_B$ のとき ⬅片側検定

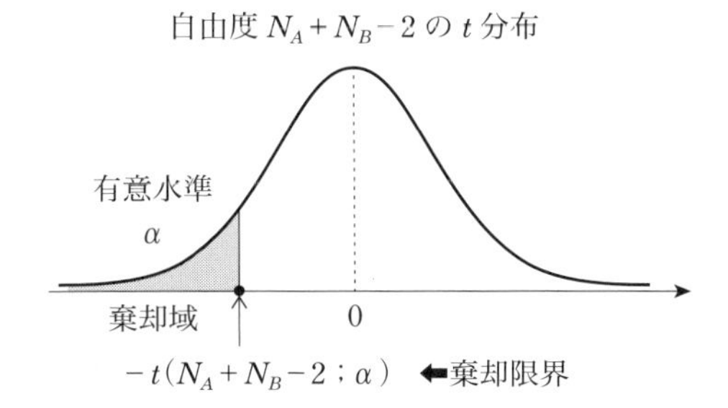

検定統計量がこの棄却域に入ると
仮説 H_0 を棄却して，対立仮説 H_1 を採択します．
したがって，
“グループBより，グループAの母平均の方が小さい”
と結論を出します．

③ 対立仮説 H_1： $\mu_A > \mu_B$ のとき ⬅片側検定

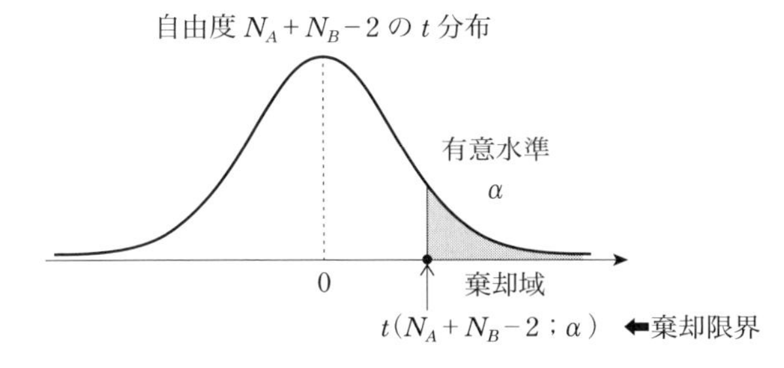

検定統計量がこの棄却域に入ると
仮説 H_0 を棄却して，対立仮説 H_1 を採択します．
したがって，
“グループBより，グループAの母平均の方が大きい”
と結論を出します．

■母分散についての３つの情報

手順❷の検定統計量は，母分散に関する情報によって，次の３通りの方法に分かれます．

【Ⅰ】　２つの母分散 $\sigma_A{}^2$，$\sigma_B{}^2$ が，なんらかの理由でわかっている場合

【Ⅱ】　２つの母分散の値は未知だが，$\sigma_A{}^2 = \sigma_B{}^2$ と仮定してよい場合

【Ⅲ】　２つの母分散に対して，何ら情報がない場合　　⬅ウェルチの検定

【Ⅰ】の場合

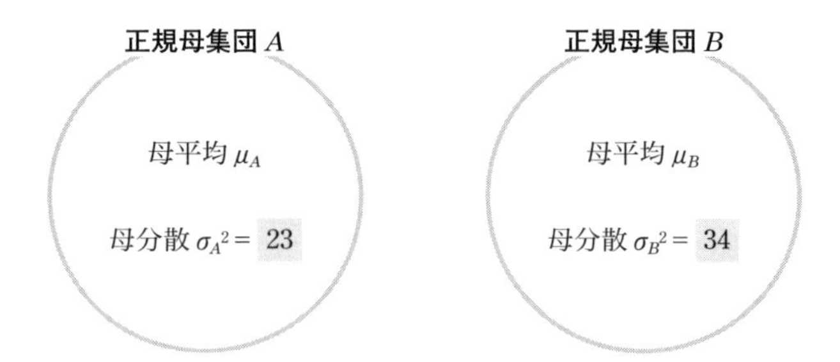

このとき，検定統計量 T は

$$T = \frac{\overline{x}_A - \overline{x}_B}{\sqrt{\dfrac{23}{N_1} + \dfrac{34}{N_2}}}$$

となります．

この検定統計量の分布は，標準正規分布です．

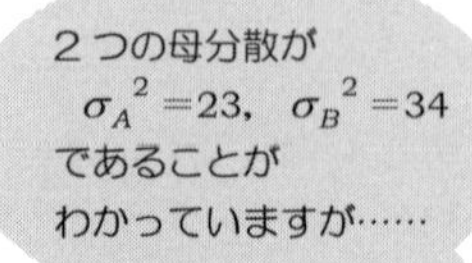

【Ⅱ】の場合

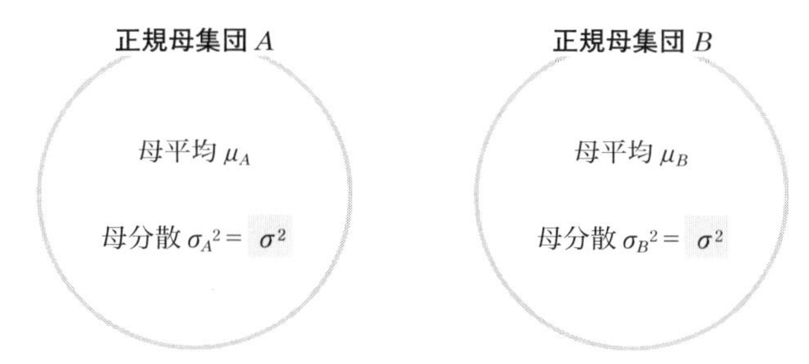

このとき，検定統計量 T は

$$T=\frac{\bar{x}_A-\bar{x}_B}{\sqrt{\left(\frac{1}{N_A}+\frac{1}{N_B}\right)\times s^2}}$$

$\sigma_A{}^2=\sigma_B{}^2=\sigma^2$

ただし，共通の分散 $s^2=\dfrac{(N_A-1)\times s_A{}^2+(N_B-1)\times s_B{}^2}{N_A+N_B-2}$

となります．

この検定統計量の分布は，自由度 N_A+N_B-2 の t 分布です．

【Ⅲ】の場合

このとき，検定統計量 T は

$$T=\frac{\bar{x}_A-\bar{x}_B}{\sqrt{\frac{s_A{}^2}{N_1}+\frac{s_B{}^2}{N_2}}}$$

自由度 m は
p.150 を見てね

となります．

この検定統計量の分布は，自由度 m の t 分布です．

公式

すぐわかる2つの母平均の差の検定の公式—— $\sigma_A{}^2 = \sigma_B{}^2$ の場合

手順1 仮説と対立仮説をたてる.

仮説　　　H_0： $\mu_A = \mu_B$

対立仮説 H_1： $\mu_A \neq \mu_B$　　　⬅両側検定

手順2 データから，次の統計量を計算する.

グループA

No.	x_A	$x_A{}^2$
1	x_{A1}	$x_{A1}{}^2$
2	x_{A2}	$x_{A2}{}^2$
⋮	⋮	⋮
N_A	x_{AN_A}	$x_{AN_A}{}^2$
合計	Σx_{Ai}	$\Sigma x_{Ai}{}^2$

グループB

No.	x_B	$x_B{}^2$
1	x_{B1}	$x_{B1}{}^2$
2	x_{B2}	$x_{B2}{}^2$
⋮	⋮	⋮
N_B	x_{BN_B}	$x_{BN_B}{}^2$
合計	Σx_{Bi}	$\Sigma x_{Bi}{}^2$

$$\bar{x}_A = \frac{\Sigma x_{Ai}}{N_A} \qquad \bar{x}_B = \frac{\Sigma x_{Bi}}{N_B}$$

$$s_A{}^2 = \frac{N_A \times \Sigma x_{Ai}{}^2 - (\Sigma x_{Ai})^2}{N_A \times (N_A - 1)} \qquad s_B{}^2 = \frac{N_B \times \Sigma x_{Bi}{}^2 - (\Sigma x_{Bi})^2}{N_B \times (N_B - 1)}$$

$$s^2 = \frac{(N_A - 1) \times s_A{}^2 + (N_B - 1) \times s_B{}^2}{N_A + N_B - 2}$$

⬅共通の分散

等分散性を
仮定しています
これは**両側検定**です
p.138に続きます

２つの母平均の差の検定の例題—— $\sigma_A^2 = \sigma_B^2$ の場合

手順 1　仮説と対立仮説をたてると……

仮説　　H_0： $\mu_A = \mu_B$

対立仮説 H_1： $\mu_A \neq \mu_B$　　⬅両側検定

手順 2　データから，次の統計量を計算すると……

グループＡ

No.	国語	２乗
1	63	3969
2	57	3249
3	72	5184
4	65	4225
5	73	5329
6	95	9025
7	84	7056
8	82	6724
9	58	3364
合計	649	48125

グループＢ

No.	国語	２乗
1	41	1681
2	58	3364
3	42	1764
4	53	2809
5	56	3136
6	73	5329
7	54	2916
8	82	6724
合計	459	27723

$$\bar{x}_A = \frac{\boxed{649}}{\boxed{9}} = \boxed{72.1}$$

$$\bar{x}_B = \frac{\boxed{459}}{\boxed{8}} = \boxed{57.4}$$

$$s_A^2 = \frac{\boxed{9} \times \boxed{48125} - \boxed{649}^2}{\boxed{9} \times (\boxed{9} - 1)} = \boxed{165.611}$$

$$s_B^2 = \frac{\boxed{8} \times \boxed{27723} - \boxed{459}^2}{\boxed{8} \times (\boxed{8} - 1)} = \boxed{198.268}$$

$$s^2 = \frac{(\boxed{9} - 1) \times \boxed{165.611} + (\boxed{8} - 1) \times \boxed{198.268}}{\boxed{9} + \boxed{8} - 2} = \boxed{180.851}$$

手順 3　検定統計量 $T(\overline{x}_A, \overline{x}_B, s^2)$ を求める．

$$T(\overline{x}_A, \overline{x}_B, s^2) = \frac{\overline{x}_A - \overline{x}_B}{\sqrt{\left(\frac{1}{N_A} + \frac{1}{N_B}\right) \times s^2}}$$

手順 4　検定統計量と棄却限界を比較する．

有意水準を α とし，

t 分布の数表から，棄却限界 $t\left(N_1 + N_2 - 2\,;\,\frac{\alpha}{2}\right)$ を求める．

このとき

$$|T(\overline{x}_A, \overline{x}_B, s^2)| \geqq t\left(N_A + N_B - 2\,;\,\frac{\alpha}{2}\right)$$

ならば，有意水準 α で仮説 H_0 を棄却する．

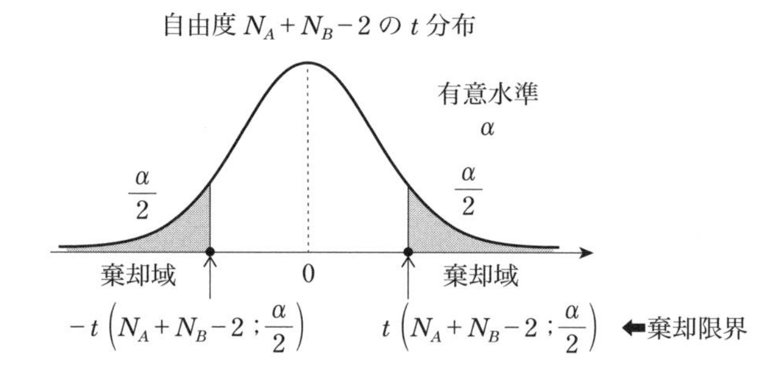

仮説の検定のときは
効果サイズも
忘れずにね！

公式と例題を
よく見比べてね～

手順 3　検定統計量 $T(\bar{x}_A, \bar{x}_B, s^2)$ を求めると……

$$T(\bar{x}_A, \bar{x}_B, s^2) = \frac{\boxed{72.1} - \boxed{57.4}}{\sqrt{\left(\frac{1}{\boxed{9}} + \frac{1}{\boxed{8}}\right) \times \boxed{180.851}}}$$

$$= \boxed{2.250}$$

手順 4　検定統計量と棄却限界を比較すると……

有意水準を $\alpha = 0.05$ とし，

t 分布の数表から，棄却限界 $t\left(9+8-2 ; \frac{0.05}{2}\right)$ を求めると

$$T(\bar{x}_A, \bar{x}_B, s^2) = \boxed{2.250} \geqq t(15 ; 0.025) = \boxed{2.131}$$

⬆ t 分布の数表

なので，仮説 H_0 は棄てられる．

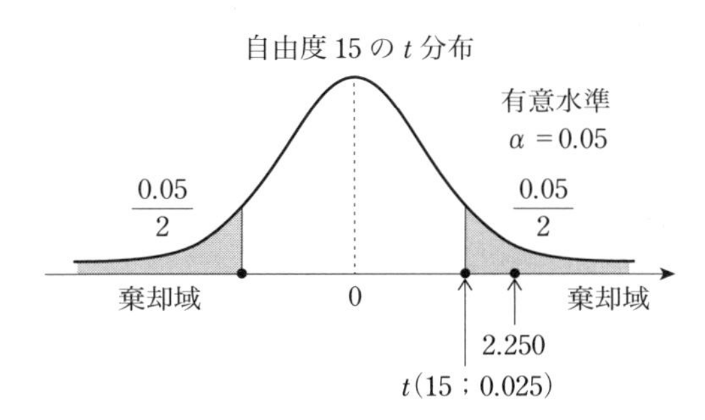

したがって，女子児童と男子児童とでは，国語の成績に差がある．

公式

すぐわかる２つの母平均の差の検定の公式—— $\sigma_A{}^2 = \sigma_B{}^2$ の場合

手順1 仮説と対立仮説をたてる．

仮説 H_0： $\mu_A = \mu_B$

対立仮説 H_1： $\mu_A < \mu_B$ ⬅片側検定

手順2 データから，次の統計量を計算する．

グループA

No.	x_A	$x_A{}^2$
1	x_{A1}	$x_{A1}{}^2$
2	x_{A2}	$x_{A2}{}^2$
⋮	⋮	⋮
N_A	x_{AN_A}	$x_{AN_A}{}^2$
合計	Σx_{Ai}	$\Sigma x_{Ai}{}^2$

グループB

No.	x_B	$x_B{}^2$
1	x_{B1}	$x_{B1}{}^2$
2	x_{B2}	$x_{B2}{}^2$
⋮	⋮	⋮
N_B	x_{BN_B}	$x_{BN_B}{}^2$
合計	Σx_{Bi}	$\Sigma x_{Bi}{}^2$

$$\bar{x}_A = \frac{\Sigma x_{Ai}}{N_A} \qquad \bar{x}_B = \frac{\Sigma x_{Bi}}{N_B}$$

$$s_A{}^2 = \frac{N_A \times \Sigma x_{Ai}{}^2 - (\Sigma x_{Ai})^2}{N_A \times (N_A - 1)} \qquad s_B{}^2 = \frac{N_B \times \Sigma x_{Bi}{}^2 - (\Sigma x_{Bi})^2}{N_B \times (N_B - 1)}$$

$$s^2 = \frac{(N_A - 1) \times s_A{}^2 + (N_B - 1) \times s_B{}^2}{N_A + N_B - 2}$$

⬅共通の分散

等分散性を
仮定しています
p.142 に
続きます

2つの母平均の差の検定の例題—— $\sigma_A{}^2=\sigma_B{}^2$ の場合

手順1 仮説と対立仮説をたてると……

仮説　　H_0： $\mu_A=\mu_B$

対立仮説 H_1： $\mu_A<\mu_B$　　⬅片側検定

手順2 データから，次の統計量を計算すると……

AとBに
注意してね〜

グループA

No.	x_A	2乗
1	41	1681
2	58	3364
3	42	1764
4	53	2809
5	56	3136
6	73	5329
7	54	2916
8	82	6724
合計	459	27723

グループB

No.	x_B	2乗
1	63	3969
2	57	3249
3	72	5184
4	65	4225
5	73	5329
6	95	9025
7	84	7056
8	82	6724
9	58	3364
合計	649	48125

$$\bar{x}_A=\frac{\boxed{459}}{\boxed{8}}=\boxed{57.4} \qquad \bar{x}_B=\frac{\boxed{649}}{\boxed{9}}=\boxed{72.1}$$

$$s_A{}^2=\frac{\boxed{8}\times\boxed{27723}-\boxed{459}^2}{\boxed{8}\times(\boxed{8}-1)}=\boxed{198.268} \qquad s_B{}^2=\frac{\boxed{9}\times\boxed{48125}-\boxed{649}^2}{\boxed{9}\times(\boxed{9}-1)}=\boxed{165.611}$$

$$s^2=\frac{(\boxed{8}-1)\times\boxed{198.268}+(\boxed{9}-1)\times\boxed{165.611}}{\boxed{8}+\boxed{9}-2}=\boxed{180.851}$$

手順 3　検定統計量 $T(\overline{x}_A, \overline{x}_B, s^2)$ を求める．

$$T(\overline{x}_A, \overline{x}_B, s^2) = \frac{\overline{x}_A - \overline{x}_B}{\sqrt{\left(\frac{1}{N_A} + \frac{1}{N_B}\right) \times s^2}}$$

手順 4　検定統計量と棄却限界を比較する．

有意水準を α とし，

t 分布の数表から，棄却限界 $t(N_1+N_2-2\,;\alpha)$ を求める．

このとき

$$T(\overline{x}_A, \overline{x}_B, s^2) \leqq -t(N_A+N_B-2\,;\alpha)$$

ならば，有意水準 α で仮説 H_0 を棄却する．

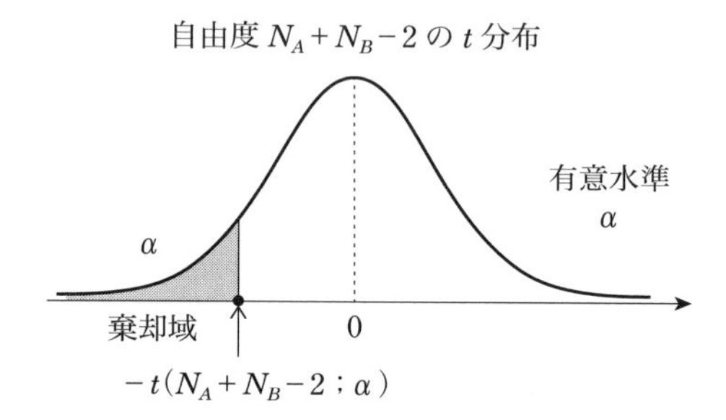

これは片側検定で～す

手順 3　検定統計量 $T(\overline{x}_A, \overline{x}_B, s^2)$ を求めると……

$$T(\overline{x}_A, \overline{x}_B, s^2) = \frac{\boxed{57.4} - \boxed{72.1}}{\sqrt{\left(\dfrac{1}{\boxed{8}} + \dfrac{1}{\boxed{9}}\right) \times \boxed{180.851}}}$$

$$= \boxed{-2.250}$$

SPSSの出力
$T = 2.255$

手順 4　検定統計量と棄却限界を比較すると……

有意水準を $\alpha = 0.05$ とし，

t 分布の数表から，棄却限界 $t(9+8-2\,;\,0.05)$ を求めると

$$T(\overline{x}_A, \overline{x}_B, s^2) = -\boxed{2.250} \leqq -t(15\,;\,0.05) = -\boxed{-1.753}$$

⬆ t 分布の数表

なので，仮説 H_0 は棄てられる．

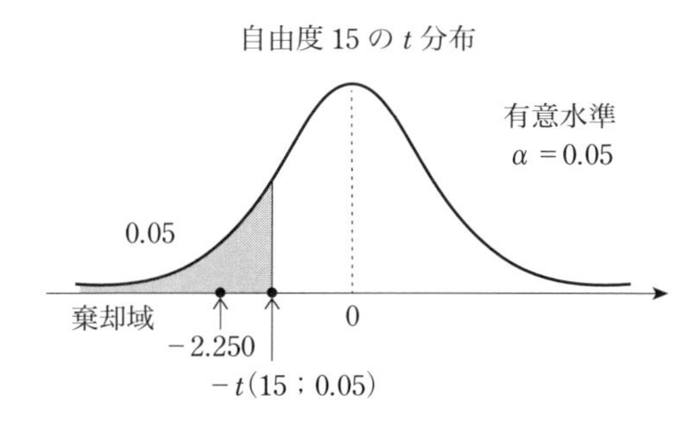

したがって，グループAはグループBより小さい．

すぐわかる２つの母平均の差の検定の公式―― $\sigma_A{}^2 = \sigma_B{}^2$ の場合

手順1 仮説と対立仮説をたてる．

仮説　　H_0：$\mu_A = \mu_B$

対立仮説 H_1：$\mu_A > \mu_B$　　⬅片側検定

手順2 データから，次の統計量を計算する．

グループ A

No.	x_A	$x_A{}^2$
1	x_{A1}	$x_{A1}{}^2$
2	x_{A2}	$x_{A2}{}^2$
⋮	⋮	⋮
N_A	x_{AN_A}	$x_{AN_A}{}^2$
合計	Σx_{Ai}	$\Sigma x_{Ai}{}^2$

グループ B

No.	x_B	$x_B{}^2$
1	x_{B1}	$x_{B1}{}^2$
2	x_{B2}	$x_{B2}{}^2$
⋮	⋮	⋮
N_B	x_{BN_B}	$x_{BN_B}{}^2$
合計	Σx_{Bi}	$\Sigma x_{Bi}{}^2$

$$\bar{x}_A = \frac{\Sigma x_{Ai}}{N_A} \qquad \bar{x}_B = \frac{\Sigma x_{Bi}}{N_B}$$

$$s_A{}^2 = \frac{N_A \times \Sigma x_{Ai}{}^2 - (\Sigma x_{Ai})^2}{N_A \times (N_A - 1)} \qquad s_B{}^2 = \frac{N_B \times \Sigma x_{Bi}{}^2 - (\Sigma x_{Bi})^2}{N_B \times (N_B - 1)}$$

$$s^2 = \frac{(N_A - 1) \times s_A{}^2 + (N_B - 1) \times s_B{}^2}{N_A + N_B - 2}$$

⬅共通の分散

等分散性を
仮定しています
p.146 に
続きます

例題

2つの母平均の差の検定の例題—— $\sigma_A{}^2 = \sigma_B{}^2$ の場合

手順 1　仮説と対立仮説をたてると……

仮説　　H_0： $\mu_A = \mu_B$

対立仮説 H_1： $\mu_A > \mu_B$　　⬅片側検定

手順 2　データから，次の統計量を計算すると……

グループA

No.	x_A	2乗
1	63	3969
2	57	3249
3	72	5184
4	65	4225
5	73	5329
6	95	9025
7	84	7056
8	82	6724
9	58	3364
合計	649	48125

グループB

No.	x_B	2乗
1	41	1681
2	58	3364
3	42	1764
4	53	2809
5	56	3136
6	73	5329
7	54	2916
8	82	6724
合計	459	27723

$$\bar{x}_A = \frac{\boxed{649}}{\boxed{9}} = \boxed{72.1}$$

$$\bar{x}_B = \frac{\boxed{459}}{\boxed{8}} = \boxed{57.4}$$

$$s_A{}^2 = \frac{\boxed{9} \times \boxed{48125} - \boxed{649}^2}{\boxed{9} \times (\boxed{9} - 1)} = \boxed{165.611}$$

$$s_B{}^2 = \frac{\boxed{8} \times \boxed{27723} - \boxed{459}^2}{\boxed{8} \times (\boxed{8} - 1)} = \boxed{198.268}$$

$$s^2 = \frac{(\boxed{9} - 1) \times \boxed{165.611} + (\boxed{8} - 1) \times \boxed{198.268}}{\boxed{9} + \boxed{8} - 2} = \boxed{180.851}$$

p.147に
続きます

手順 3　検定統計量 $T(\overline{x}_A, \overline{x}_B, s^2)$ を求める．

$$T(\overline{x}_A, \overline{x}_B, s^2) = \frac{\overline{x}_A - \overline{x}_B}{\sqrt{\left(\frac{1}{N_A} + \frac{1}{N_B}\right) \times s^2}}$$

手順 4　検定統計量と棄却限界を比較する．

有意水準を α とし，

t 分布の数表から，棄却限界 $t(N_1 + N_2 - 2\,;\,\alpha)$ を求める．

このとき

$$T(\overline{x}_A, \overline{x}_B, s^2) \geqq t(N_A + N_B - 2\,;\,\alpha)$$

ならば，有意水準 α で仮説 H_0 を棄却する．

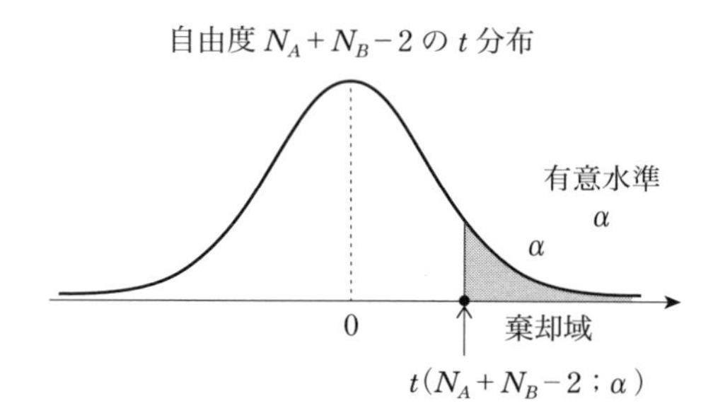

これは片側検定で～す

手順 3　検定統計量 $T(\overline{x}_A, \overline{x}_B, s^2)$ を求めると……

$$T(\overline{x}_A, \overline{x}_B, s^2) = \frac{\boxed{72.1} - \boxed{57.4}}{\sqrt{\left(\frac{1}{\boxed{9}} + \frac{1}{\boxed{8}}\right) \times \boxed{180.851}}}$$

$$= \boxed{2.250}$$

手順 4　検定統計量と棄却限界を比較すると……

有意水準を $\alpha = 0.05$ とし，

t 分布の数表から，棄却限界 $t(N_1 + N_2 - 2\,;\,0.05)$ を求めると

$$T(\overline{x}_A, \overline{x}_B, s^2) = \boxed{2.250} \geqq t(15\,;\,0.05) = \boxed{1.753}$$

⬆ t 分布の数表

なので，仮説 H_0 は棄てられる．

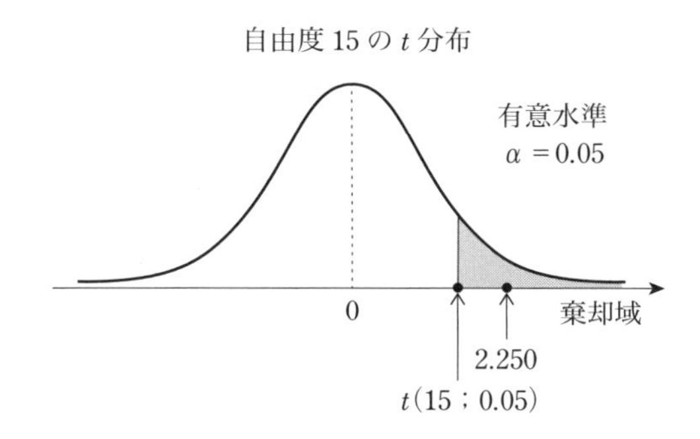

したがって，グループAはグループBより大きい．

演習

2つの母平均の差の検定の演習

次のデータは，リンゴの葉の長さを測定したものです．
日当りによって，リンゴの葉の長さに差があるのだろうか？
そこで，……
2つの母平均の差の検定をしてみよう．

表 8.1.2　リンゴの葉の長さ（mm）

No.	日当りの良い場所
1	80
2	73
3	80
4	82
5	74
6	86
7	78
8	62
9	85

No.	日当りの悪い場所
1	85
2	81
3	86
4	88
5	98
6	88
7	73
8	103

日当りの良いところと
悪いところということは
場所が違うのだから……

このデータは
2つのグループの間に
対応はありません

手順 1 仮説と対立仮説をたてよう．

仮説　　　H_0：リンゴの葉の長さは等しい

対立仮説 H_1：日当りによって葉の長さに差がある　　⬅両側検定

手順 2 データから，次の統計量を計算しよう．

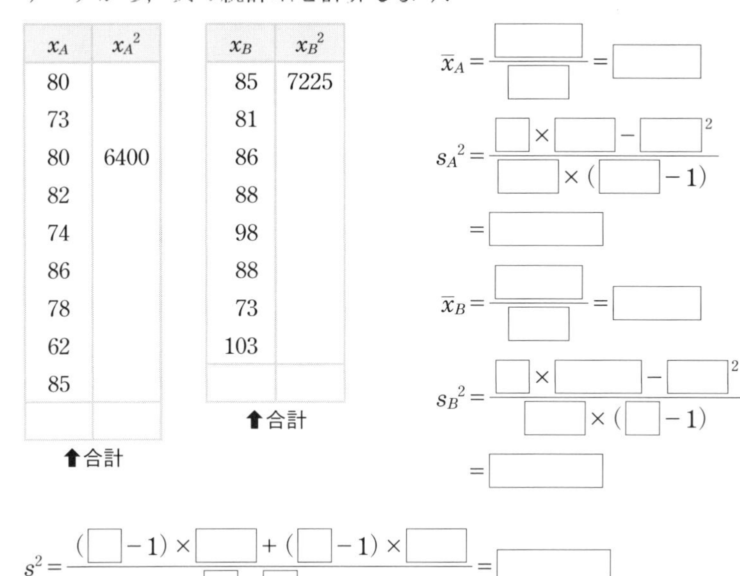

x_A	$x_A{}^2$
80	
73	
80	6400
82	
74	
86	
78	
62	
85	

⬆合計

x_B	$x_B{}^2$
85	7225
81	
86	
88	
98	
88	
73	
103	

⬆合計

$$\bar{x}_A = \frac{\square}{\square} = \square$$

$$s_A{}^2 = \frac{\square \times \square - \square^2}{\square \times (\square - 1)} = \square$$

$$\bar{x}_B = \frac{\square}{\square} = \square$$

$$s_B{}^2 = \frac{\square \times \square - \square^2}{\square \times (\square - 1)} = \square$$

$$s^2 = \frac{(\square - 1) \times \square + (\square - 1) \times \square}{\square + \square - 2} = \square$$

手順 3 検定統計量を求めよう．

$$T(\bar{x}_A, \bar{x}_B, s^2) = \frac{\square - \square}{\sqrt{\left(\frac{1}{\square} + \frac{1}{\square}\right) \times \square}} = \square$$

手順 4 検定統計量と棄却限界を比較しよう．

有意水準を $\alpha = 0.05$ とすると

$|T(\bar{x}_A, \bar{x}_B, s^2)| = |\square| \quad \square \quad t(\square + \square - 2\,;\,0.025) = \square$

より，仮説 H_0 は □．

したがって，リンゴの葉の長さに □．

すぐわかるウェルチの検定の公式

手順1 仮説と対立仮説をたてる.

仮説　　　H_0：$\mu_A = \mu_B$

対立仮説 H_1：$\mu_A \neq \mu_B$　　　←両側検定

手順2 データから，次の統計量を計算する.

No.	x_A	$x_A{}^2$
1	x_{A1}	$x_{A1}{}^2$
2	x_{A2}	$x_{A2}{}^2$
⋮	⋮	⋮
N_A	x_{AN_1}	$x_{AN_1}{}^2$
合計	Σx_{Ai}	$\Sigma x_{Ai}{}^2$

No.	x_B	$x_B{}^2$
1	x_{B1}	$x_{B1}{}^2$
2	x_{B2}	$x_{B2}{}^2$
⋮	⋮	⋮
N_B	x_{BN_2}	$x_{BN_2}{}^2$
合計	Σx_{Bi}	$\Sigma x_{Bi}{}^2$

$$\bar{x}_A = \frac{\Sigma x_{Ai}}{N_A}$$

$$s_A{}^2 = \frac{N_A \times \Sigma x_{Ai}{}^2 - (\Sigma x_{Ai})^2}{N_A \times (N_A - 1)}$$

$$\bar{x}_B = \frac{\Sigma x_{Bi}}{N_B}$$

$$s_B{}^2 = \frac{N_B \times \Sigma x_{Bi}{}^2 - (\Sigma x_{Bi})^2}{N_B \times (N_B - 1)}$$

手順3 検定統計量 T を求める.

$$T = \frac{\bar{x}_A - \bar{x}_B}{\sqrt{\dfrac{s_A{}^2}{N_A} + \dfrac{s_B{}^2}{N_B}}}$$

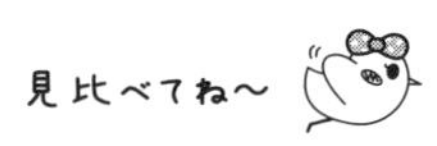

手順4 検定統計量と棄却限界を比較する.

有意水準を α とする.

$$|T| \geqq t\left(m\ ;\ \frac{\alpha}{2}\right)$$

ならば，仮説 H_0 を棄てる.

ただし，自由度 m は

$$m \fallingdotseq \frac{\left(\dfrac{s_A{}^2}{N_A} + \dfrac{s_B{}^2}{N_B}\right)^2}{\dfrac{s_A{}^4}{N_A{}^2 \times (N_A - 1)} + \dfrac{s_B{}^4}{N_B{}^2 \times (N_B - 1)}}$$

ウェルチの検定の例題

手順 1　仮説と対立仮説をたてると……

仮説　　H_0：$\mu_A = \mu_B$

対立仮説 H_1：$\mu_A \neq \mu_B$　　⬅両側検定

手順 2　データから，次の統計量を計算すると……

No.	国語	2乗
1	63	3969
2	57	3249
3	72	5184
⋮	⋮	⋮
7	84	7056
8	82	6724
9	58	3364
合計	649	48125

No.	国語	2乗
1	41	1681
2	58	3364
3	42	1764
⋮	⋮	⋮
7	54	2916
8	82	6724
合計	459	27723

$\bar{x}_A = \boxed{72.1}$　$s_A{}^2 = \boxed{165.611}$　　$\bar{x}_B = \boxed{57.4}$　$s_B{}^2 = \boxed{198.268}$

手順 3　検定統計量を求めると……

$$T = \frac{\boxed{72.1} - \boxed{57.4}}{\sqrt{\dfrac{\boxed{165.611}}{\boxed{9}} + \dfrac{\boxed{198.268}}{\boxed{8}}}} = \boxed{2.237}$$

手順 4　検定統計量と棄却限界を比較すると……

有意水準を $\alpha = 0.05$ とすると

$$|T| = |\boxed{2.237}| \geqq t(14\,;\,0.025) = \boxed{2.145}$$

なので，仮説 H_0 は棄てられる.

したがって，グループ A とグループ B の母平均は異なる.

8.2 等分散性の検定

すぐわかる等分散性の検定の公式

手順1 仮説と対立仮説をたてる.

仮説　　　H_0：$\sigma_A{}^2 = \sigma_B{}^2$

対立仮説 H_1：$\sigma_A{}^2 \neq \sigma_B{}^2$

手順2 データから，次の統計量を計算する.

グループA

No.	x_A	$x_A{}^2$
1	x_{A1}	$x_{A1}{}^2$
2	x_{A2}	$x_{A2}{}^2$
⋮	⋮	⋮
N_A	x_{AN_A}	$x_{AN_A}{}^2$
合計	Σx_{Ai}	$\Sigma x_{Ai}{}^2$

グループB

No.	x_B	$x_B{}^2$
1	x_{B1}	$x_{B1}{}^2$
2	x_{B2}	$x_{B2}{}^2$
⋮	⋮	⋮
N_B	x_{BN_B}	$x_{BN_B}{}^2$
合計	Σx_{Bi}	$\Sigma x_{Bi}{}^2$

⬅ p.136 の統計量を利用する

$$s_A{}^2 = \frac{N_A \times \Sigma x_{Ai}{}^2 - (\Sigma x_{Ai})^2}{N_A \times (N_A - 1)}$$

$$s_B{}^2 = \frac{N_B \times \Sigma x_{Bi}{}^2 - (\Sigma x_{Bi})^2}{N_B \times (N_B - 1)}$$

手順3 検定統計量 $T(s_A{}^2, s_B{}^2)$ を求める.

$$T(s_A{}^2, s_B{}^2) = \frac{s_A{}^2}{s_B{}^2}$$

手順4 検定統計量と棄却限界を比較する.

有意水準を α とする.

$$F\left(N_A - 1, N_B - 1\,;\,1 - \frac{\alpha}{2}\right) < T(s_A{}^2, s_B{}^2) < F\left(N_A - 1, N_B - 1\,;\,\frac{\alpha}{2}\right)$$

ならば，仮説 H_0 は棄てられない.

したがって，2つの母分散は等しいと仮定する.

$$F(n, m\,;1-\alpha) = \frac{1}{F(n, m\,;\alpha)}$$

等分散性の検定の例題

手順 1　仮説と対立仮説をたてると……

仮説　　H_0 : $\sigma_A{}^2 = \sigma_B{}^2$

対立仮説 H_1 : $\sigma_A{}^2 \neq \sigma_B{}^2$

手順 2　データから，次の統計量を計算すると……

No.	国語	2乗
1	63	3969
2	57	3249
3	72	5184
⋮	⋮	⋮
7	84	7056
8	82	6724
9	58	3364
合計	649	48125

No.	国語	2乗
1	41	1681
2	58	3364
3	42	1764
⋮	⋮	⋮
7	54	2916
8	82	6724
合計	459	27723

$$s_A{}^2 = \frac{\boxed{9} \times \boxed{48125} - \boxed{649}^2}{\boxed{9} \times (\boxed{9} - 1)} = \boxed{165.611}$$

$$s_B{}^2 = \frac{\boxed{8} \times \boxed{27723} - \boxed{459}^2}{\boxed{8} \times (\boxed{8} - 1)} = \boxed{198.268}$$

手順 3　検定統計量 $T(s_A{}^2, s_B{}^2)$ を求めると……

$$T(s_A{}^2, s_B{}^2) = \frac{\boxed{165.611}}{\boxed{198.268}} = \boxed{0.835}$$

手順 4　検定統計量と棄却限界を比較すると……

有意水準 $\alpha = 0.05$ とすると

$$\underset{=\boxed{0.221}}{F(8, 7; 0.975)} < \underset{=\boxed{0.835}}{T(s_A{}^2, s_B{}^2)} < \underset{=\boxed{4.899}}{F(8, 7; 0.025)}$$

なので，仮説 H_0 は棄てられない．

したがって，等分散性を仮定してよい．

演習

等分散性の検定の演習

次のデータは，疾患を持っている８人の患者さんと９人の健康な人の中性脂肪の値を測定したものです．

患者さんの中性脂肪の値と健康な人の中性脂肪の値は，バラツキに差があるように思えるのだが…….

そこで，……

等分散性の検定をしてみよう．

表 8.2.1　疾患のある人と健康な人の中性脂肪の測定値

No.	疾患のある人
1	259
2	75
3	45
4	36
5	140
6	95
7	137
8	103

No.	健康な人
1	118
2	87
3	112
4	125
5	106
6	83
7	121
8	84
9	69

手順 1 仮説と対立仮説をたてよう.

仮説　H_0 : $\sigma_A{}^2 = \sigma_B{}^2$

対立仮説 H_1 : $\sigma_A{}^2 \neq \sigma_B{}^2$ ⬅両側検定

手順 2 データから, 次の統計量を計算しよう.

A x_A	$x_A{}^2$
259	
75	
45	
36	
140	19600
95	
137	
103	

B x_B	$x_B{}^2$
118	
87	
112	12544
125	
106	
83	
121	
84	
69	

⬅合計

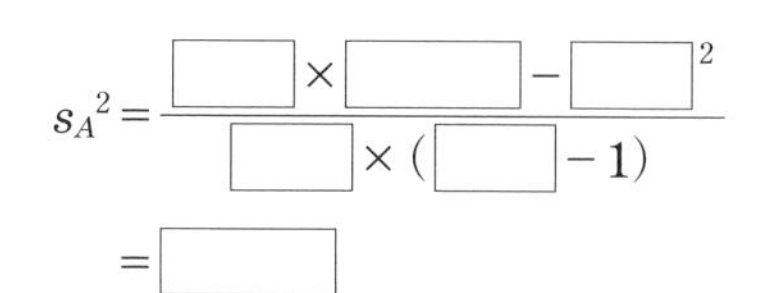

$$s_A{}^2 = \frac{\square \times \square - \square^2}{\square \times (\square - 1)} = \square$$

$$s_B{}^2 = \frac{\square \times \square - \square^2}{\square \times (\square - 1)} = \square$$

手順 3 検定統計量 $T(s_A{}^2, s_B{}^2)$ を求めよう.

$$T(s_A{}^2, s_B{}^2) = \frac{\square}{\square} = \square$$

手順 4 検定統計量と棄却限界を比較しよう.

有意水準を $\alpha = 0.05$ とすると

$$T(s_A{}^2, s_B{}^2) = \square$$

$$F(\square - 1, \square - 1 ; 0.975) = \square$$

$$F(\square - 1, \square - 1 ; 0.025) = \square$$

なので, 仮説 H_0 は $\square$.

したがって, 中性脂肪のバラツキに $\square$.

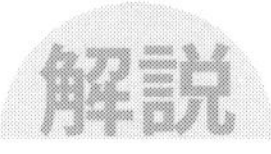

8.3 対応のある２つの母平均に差があることを示したい

次のデータは，全国の小学６年生から抽出された児童９人の前期と後期の国語の全国テストの点数です．

この標本データは，どのように分析すればよいのだろうか？

表 8.3.1 前期と後期の国語の点数

標本データ ➡

No.	前期	後期
1	63	75
2	57	55
3	72	82
4	65	66
5	73	74
6	95	92
7	84	87
8	82	93
9	58	68

グループ A：**前期**
↓
グループ B：**後期**

同じ児童の
前期と後期の点数だから
対応のある
２つのグループです

p.130 で学んだ
２つの母平均の差の検定を
してみます

前期と後期の２つのグループなので，
２つの母平均の差の検定をしてみよう．

	前期の成績	後期の成績
標本平均	$\overline{x}_A = 72.1$	$\overline{x}_B = 76.9$
標本分散	$s_A{}^2 = 165.61$	$s_B{}^2 = 163.11$

標本分散 $s_A{}^2$, $s_B{}^2$ にあまり差がみられないので，
２つの母分散は，$\sigma_A{}^2 = \sigma_B{}^2$ と仮定してよさそう．

次に，仮説と対立仮説を

仮説　　H_0：$\mu_A = \mu_B$

対立仮説 H_1：$\mu_A \neq \mu_B$

とし，検定統計量 $T(\bar{x}_A, \bar{x}_B, s^2)$ を求めると……

$$T(\bar{x}_A, \bar{x}_B, s^2) = \frac{72.1 - 76.9}{\sqrt{\left(\frac{1}{9} + \frac{1}{9}\right) \times 164.36}} = -0.791$$

$$s^2 = \frac{8 \times 165.61 + 8 \times 163.11}{9 + 9 - 2} = 164.36$$

有意水準を $\alpha = 0.05$ とすると

$$|T(\bar{x}_A, \bar{x}_B, s^2)| = 0.791 < t(16\,;\,0.025) = 2.120$$

なので，仮説 H_0 は棄てられない．したがって，

“前期と後期で国語の成績に差があるとはいえない”

ということがわかった．

このデータは，表 8.1.1 のデータと異なっている点があります．

それは，

“２つのグループは対応している”

という点です．

このようなときは，対応しているデータの差 $x_1 - x_2$ をとり

仮説 H_0：$\mu_A - \mu_B = 0$　　⬅ $\mu_A = \mu_B$

の検定がいいのでは?!

この方法を

対応のある２つの母平均の差の検定

といいます．

２つのグループの間に
対応があります

■3通りの対立仮説

検定のとき大切な点は，対立仮説 H_1 のたて方です．

対立仮説のたて方には，次の３通りがあります．

① 対立仮説 H_1：$\mu_A - \mu_B \neq 0$

② 対立仮説 H_1：$\mu_A - \mu_B < 0$

③ 対立仮説 H_1：$\mu_A - \mu_B > 0$

どの対立仮説に
すべきかは
実際にデータを
扱うようになると
わかってきます

このとき，対立仮説と棄却域は，次のようになります．

① 対立仮説 H_1：$\mu_A - \mu_B \neq 0$ のとき　　←両側検定

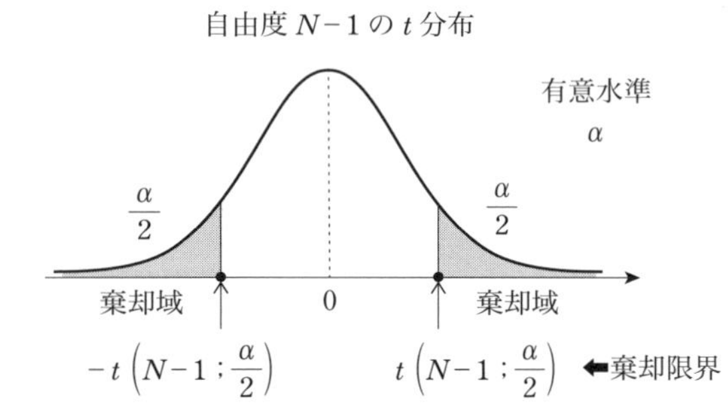

検定統計量がこの棄却域に入ると

仮説 H_0 を棄却して，対立仮説 H_1 を採択します．

したがって，

“グループＡとグループＢの母平均は異なる”

または

“グループＢはグループＡより変化している”

と結論を出します．

② 対立仮説 H_1：$\mu_A - \mu_B < 0$ のとき　　⬅片側検定

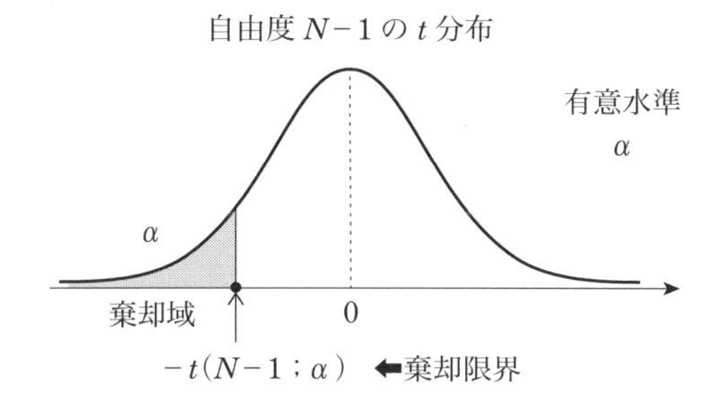

検定統計量がこの棄却域に入ると
仮説 H_0 を棄却して，対立仮説 H_1 を採択します．
したがって，

“グループBより，グループAの母平均の方が小さい”

または

“グループBはグループAより増加している”

と結論を出します．

③ 対立仮説 H_1：$\mu_A - \mu_B > 0$ のとき　　⬅片側検定

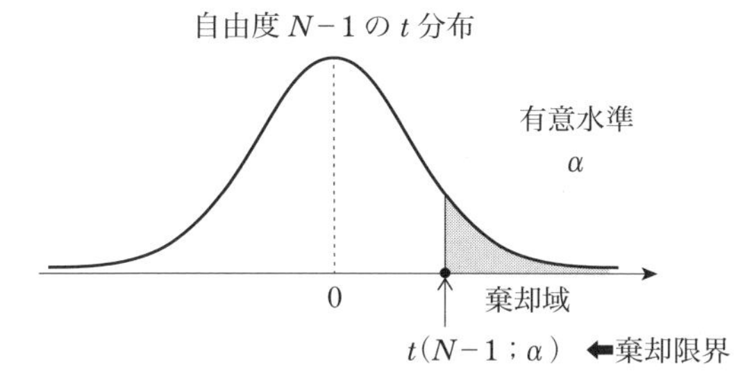

検定統計量がこの棄却域に入ると
仮説 H_0 を棄却して，対立仮説 H_1 を採択します．
したがって，

“グループBより，グループAの母平均の方が大きい”

または

“グループBはグループAより減少している”

と結論を出します．

すぐわかる対応のある２つの母平均の差の検定の公式

手順 1　仮説と対立仮説をたてる．

仮説　　H_0： $\mu_A - \mu_B = 0$

対立仮説 H_1： $\mu_A - \mu_B \neq 0$　　←両側検定

手順 2　データから，次の統計量を計算する．

データ

No.	x_A	x_B	$x_A - x_B$	$(x_A - x_B)^2$
1	x_{A1}	x_{B1}	$x_{A1} - x_{B1}$	$(x_{A1} - x_{B1})^2$
2	x_{A2}	x_{B2}	$x_{A2} - x_{B2}$	$(x_{A2} - x_{B2})^2$
⋮	⋮	⋮	⋮	⋮
N	x_{AN}	x_{BN}	$x_{AN} - x_{BN}$	$(x_{AN} - x_{BN})^2$
合計			$\Sigma(x_{Ai} - x_{Bi})$	$\Sigma(x_{Ai} - x_{Bi})^2$

$$\bar{x} = \frac{\Sigma(x_{Ai} - x_{Bi})}{N}$$

$$s^2 = \frac{N \times \Sigma(x_{Ai} - x_{Bi})^2 - \{\Sigma(x_{Ai} - x_{Bi})\}^2}{N \times (N-1)}$$

手順 3　検定統計量 $T(\bar{x}, s^2)$ を求める．

$$T(\bar{x}, s^2) = \frac{\bar{x}}{\sqrt{\dfrac{s^2}{N}}}$$

手順 4　検定統計量と棄却限界を比較する．

有意水準を α とする

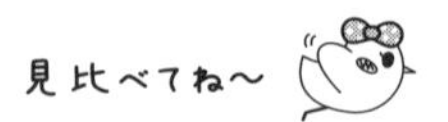

$$|T(\bar{x}, s^2)| \geqq t\left(N-1\,;\,\frac{\alpha}{2}\right)$$

ならば，仮説 H_0 を棄てる．

対応のある２つの母平均の差の検定の例題

手順 1　仮説と対立仮説をたてると……

仮説　H_0：$\mu_A - \mu_B = 0$

対立仮説 H_1：$\mu_A - \mu_B \neq 0$　←両側検定

手順 2　データから，次の統計量を計算すると……

No.	前期x_A	後期x_B	$x_A - x_B$	$(x_A - x_B)^2$
1	63	75	−12	144
2	57	55	2	4
3	72	82	−10	100
4	65	66	−1	1
5	73	74	−1	1
6	95	92	3	9
7	84	87	−3	9
8	82	93	−11	121
9	58	68	−10	100
合計	649	692	−43	489

$$\bar{x} = \frac{\boxed{-43}}{\boxed{9}} = \boxed{-4.778}$$

$$s^2 = \frac{\boxed{9} \times \boxed{489} - (\boxed{-43})^2}{\boxed{9} \times (\boxed{9} - 1)} = \boxed{35.444}$$

手順 3　検定統計量 $T(\bar{x}, s^2)$ を求めると……

$$T(\bar{x}, s^2) = \frac{\boxed{-4.778}}{\sqrt{\dfrac{\boxed{35.444}}{\boxed{9}}}} = \boxed{-2.408}$$

手順 4　検定統計量と棄却限界を比較すると……

有意水準を α 0.05 とすると

$$|T(\bar{x}, s^2)| = |\boxed{-2.408}| \geqq t(9-1\,;0.025) = \boxed{2.306}$$

なので，仮説 H_0 は棄てられる．

したがって，前期と後期で平均点が異なる．

対応のある２つの母平均の差の検定の演習

次のデータは，スポーツジムに通った女性の
３か月後と６か月後の体重です．

このスポーツジムでは，「確実に効果があります」と
宣伝しているのだが……

そこで，……

対応のある２つの母平均の差の検討をしてみよう．

表 8.3.2　体重の変化

No.	３か月後	６か月後
1	57.2	48.7
2	64.4	67.3
3	66.9	63.1
4	63.5	56.2
5	49.3	52.4
6	61.4	52.9
7	55.1	57.2
8	59.0	49.8
9	56.5	46.0
10	57.6	59.5

片側検定の場合，次のようになります．

［対立仮説 H_1：$\mu_A > \mu_B$ の場合］
$$T \geqq t(N-1\,;\,\alpha)$$
ならば，仮説 H_0 を棄てる．

［対立仮説 H_1：$\mu_A < \mu_B$ の場合］
$$T \leqq -t(N-1\,;\,\alpha)$$
ならば，仮説 H_0 を棄てる．

手順 1　仮説と対立仮説をたてよう．

仮説　　　H_0：3か月後と6か月後で体重は変化しない

対立仮説 H_1：3か月後と6か月後で体重は変化する　⬅両側検定

手順 2　データから，次の統計量を計算しよう．

No.	x_A	x_B	$x_A - x_B$	$(x_A - x_B)^2$
1	57.2	48.7	8.5	72.25
2	64.4	67.3		
3	66.9	63.1		
4	63.5	56.2		
5	49.3	52.4		
6	61.4	52.9		
7	55.1	57.2		
8	59.0	49.8		
9	56.5	46.0		
10	57.6	59.5		
合計				

$$\bar{x} = \frac{\square}{\square} = \square$$

$$s^2 = \frac{\square \times \square - \square^2}{\square \times (\square - 1)} = \square$$

手順 3　検定統計量 $T(\bar{x}, s^2)$ を求めよう．

$$T(\bar{x}, s^2) = \frac{\square}{\sqrt{\dfrac{\square}{\square}}} = \square$$

手順 4　検定統計量と棄却限界を比較しよう．

有意水準を $\alpha = 0.05$ とすると

$$|T(\bar{x}, s^2)| = |\square| \quad \square \quad t(\square - 1\,;\,\square) = \square$$

なので，仮説 H_0 は $\square$．

したがって，3か月後と6か月後とで

体重は変化 $\square$．

8.4 2つの母比率に差があることを示したい

次のデータは，全国の小学6年生から抽出された児童60人の算数と英語の全国テストの成績です．

表 8.4.1 算数と英語のテスト

カテゴリ	80点以上	80点未満	合計
算　数	8人	52人	60人

カテゴリ	80点以上	80点未満	合計
英　語	15人	45人	60人

算数と英語では，母比率に差があるのだろうか？

成績が80点以上の児童の比率を調べてみると

算数の標本比率　　英語の標本比率

$$\frac{8}{60}\times 100\% = 13.3\% \quad \Leftrightarrow \quad \frac{15}{60}\times 100\% = 25\%$$

となっています．

2つの母比率の差の検定結果は
2×2クロス集計表の
独立性の検定結果と一致します

$$\sqrt{2.632} = 1.623$$

【SPSSの結果】

Chi-Square Tests

	Value	df	Asymptotic Significance (2-sided)
Pearson Chi-Square	2.636	1	0.104

そこで，**2つの母比率の差の検定**をしてみよう．

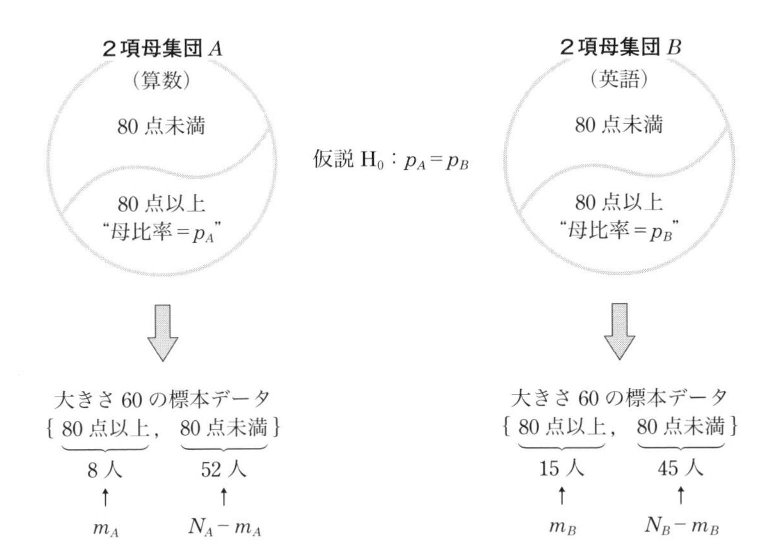

検定統計量 T は

$$T(m_A, m_B) = \frac{\dfrac{m_A}{N_A} - \dfrac{m_B}{N_B}}{\sqrt{p^* \times (1 - p^*) \times \left(\dfrac{1}{N_A} + \dfrac{1}{N_B}\right)}}$$

$$p^* = \frac{m_A + m_B}{N_A + N_B}$$

で与えられます．

この検定統計量の分布は，標準正規分布 $N(0, 1^2)$ になります．

■3通りの対立仮説

検定のとき大切な点は，対立仮説 H_1 のたて方です．

対立仮説のたて方には，次の3通りがあります．

① 対立仮説 H_1：$p_A \neq p_B$

② 対立仮説 H_1：$p_A < p_B$

③ 対立仮説 H_1：$p_A > p_B$

このとき，対立仮説と棄却域は，次のようになります．

① 対立仮説 H_1：$p_A \neq p_B$ のとき　⬅両側検定

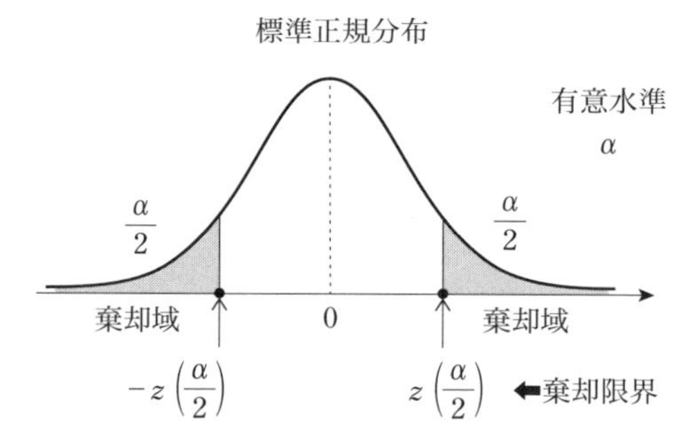

検定統計量がこの棄却域に入ると

仮説 H_0 を棄却して，対立仮説 H_1 を採択します．

したがって，

“グループAとグループBの母比率は異なる”

と結論を出します．

② 対立仮説 H_1：$p_A < p_B$ のとき ⬅片側検定

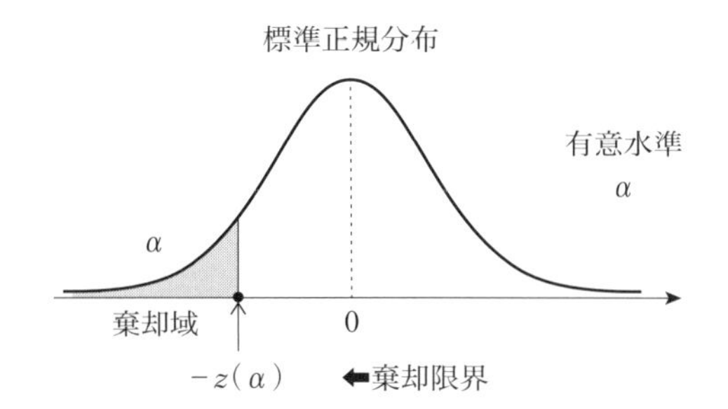

検定統計量がこの棄却域に入ると
仮説 H_0 を棄却して，対立仮説 H_1 を採択します．

したがって，

“グループBより，グループAの母比率の方が小さい”

と結論を出します．

③ 対立仮説 H_1：$p_A > p_B$ のとき ⬅片側検定

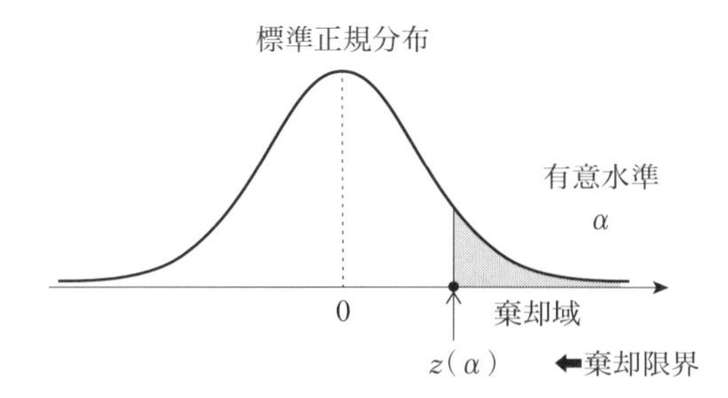

検定統計量がこの棄却域に入ると
仮説 H_0 を棄却して，対立仮説 H_1 を採択します．

したがって，

“グループBより，グループAの母比率の方が大きい”

と結論を出します．

すぐわかる**2つの母比率の差の検定**の公式

手順1 仮説と対立仮説をたてる.

仮説　　$H_0 : p_A = p_B$

対立仮説 $H_1 : p_A \neq p_B$

手順2 データから，次の統計量を計算する.

カテゴリ	A_1	A_2	合計
グループA	m_A 個	$N_A - m_A$ 個	N_A 個
グループB	m_B 個	$N_B - m_B$ 個	N_B 個

$$p^* = \frac{m_A + m_B}{N_A + N_B}$$

手順3 検定統計量 $T(m_A, m_B)$ を求める.

$$T(m_A, m_B) = \frac{\dfrac{m_A}{N_A} - \dfrac{m_B}{N_B}}{\sqrt{p^* \times (1 - p^*) \times \left(\dfrac{1}{N_A} + \dfrac{1}{N_B}\right)}}$$

手順4 検定統計量と棄却限界を比較する.

有意水準を α とする.

このとき

$$|T(m_A, m_B)| \geqq z\left(\frac{\alpha}{2}\right)$$

のとき，有意水準 α で仮説 H_0 を棄てる.

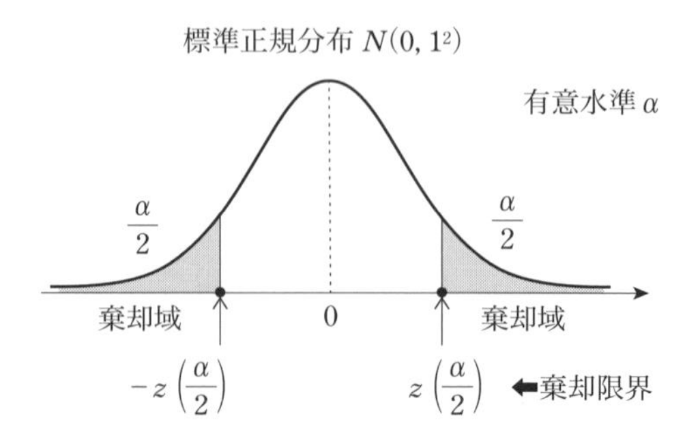

2つの母比率の差の検定の例題

手順 1　仮説と対立仮説をたてると……

仮説　　　$H_0 : p_A = p_B$

対立仮説 $H_1 : p_A \neq p_B$　　　⬅両側検定

手順 2　データから，次の統計量を計算すると……

カテゴリ	80点以上	80点未満	合計
算数	8人	52人	60人
英語	15人	45人	60人

$$p^* = \frac{\boxed{8} + \boxed{15}}{\boxed{60} + \boxed{60}}$$

$$= \boxed{0.192}$$

手順 3　検定統計量 $T(m_A, m_B)$ を求めると……

$$T(m_A, m_B) = \frac{\dfrac{\boxed{8}}{\boxed{60}} - \dfrac{\boxed{15}}{\boxed{60}}}{\sqrt{\boxed{0.192} \times (1 - \boxed{0.192}) \times \left(\dfrac{1}{\boxed{60}} + \dfrac{1}{\boxed{60}}\right)}}$$

$$= \boxed{-1.622}$$

手順 4　検定統計量と棄却限界を比較すると……

有意水準を α とすると

$$|T(m_A, m_B)| = |\boxed{-1.622}| < z\left(\frac{\boxed{0.05}}{2}\right) = \boxed{1.96}$$

なので，仮説 H_0 は棄てられない．

したがって，算数と英語の比率が異なるとはいえない．

演習

2つの母比率の差の検定をしてみよう

次のデータは，小学校の理科の実験でおこなわれるアサガオの観察研究の結果です．

山の小学校と海の小学校とでは，アサガオの発芽率に違いがあるのだろうか？

そこで，……

2つの母比率の差の検定をしてみよう．

表 8.4.2　アサガオの発芽率

山の小学校 A

カテゴリ	発芽した	発芽しなかった	合計
種の数	1432	568	2000

海の小学校 B

カテゴリ	発芽した	発芽しなかった	合計
種の数	1321	679	2000

標本の大きさ N_A, N_B が小さいときは，**イェーツの補正**

$$T(m_A, m_B) = \frac{\dfrac{m_A}{N_A} - \dfrac{m_B}{N_B} \pm \dfrac{1}{2}\left(\dfrac{1}{N_A} + \dfrac{1}{N_B}\right)}{\sqrt{p^* \times (1-p^*) \times \left(\dfrac{1}{N_A} + \dfrac{1}{N_B}\right)}}$$

をします．

±の符号の
＋と－のどちらを
選ぶかといえば…

分子の絶対値が
小さくなる方を
選びます

手順 1　仮説と対立仮説をたてよう．

仮説　　H_0：山の小学校と海の小学校の
アサガオの発芽率は同じ

対立仮説 H_1：山の小学校と海の小学校の
アサガオの発芽率は異なる

手順 2　データから，次の統計量を計算しよう．

カテゴリ	発芽	全数
山の小学校 A	1432	2000
海の小学校 B	1321	2000

$$p^* = \frac{\square + \square}{\square + \square} = \square$$

手順 3　検定統計量 $T(m_A, m_B)$ を求めよう．

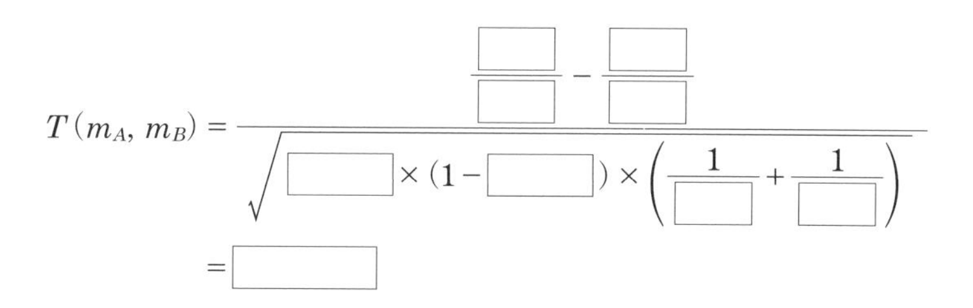

$$T(m_A, m_B) = \frac{\dfrac{\square}{\square} - \dfrac{\square}{\square}}{\sqrt{\square \times (1 - \square) \times \left(\dfrac{1}{\square} + \dfrac{1}{\square}\right)}} = \square$$

手順 4　検定統計量と棄却限界を比較しよう．

有意水準を $\alpha = 0.05$ とすると

$$|T(m_A, m_B)| = |\square| \quad \square \quad z\left(\frac{0.05}{2}\right) = \square$$

なので，仮説 H_0 は□．

したがって，アサガオの発芽率は□．

第 9 章

2組のデータを比較する(2)

ノンパラメトリック検定

9.1 ウィルコクスンの順位和検定

次の2組の標本データが与えられた.

グループAとグループBとで差があるかどうかを知りたい!

そこで,グループ間の差の検定をしたいのですが……

表 9.1.1 対応のない2つのグループ

グループA

No.	x
1	50
2	70
3	80
4	90

グループB

No.	x
1	30
2	40
3	60

このデータは
2つのグループの間に
対応がありません

ここで問題となるのは,

“グループAの母集団とグループBの母集団の分布を
正規分布と仮定してよいか?”

ということですね!

このようなとき,母集団の正規性を使わない検定方法があります.
それが

ノンパラメトリック検定

と呼ばれている手法です.

解説

ノンパラメトリック検定は，次のように多くの手法が考案されています．

- ウィルコクスンの順位和検定
- マン・ホイットニーの検定
- 符号検定
- ウィルコクスンの符号付順位検定
- クラスカル・ウォリスの検定
- フリードマンの検定

考案した人の名前が
付いているんだね

これらの検定は

正規分布を仮定しないので

⇨ Distribution-free Test

母平均や母分散を使わないので

⇨ Non-parametric Test

とも呼ばれています．

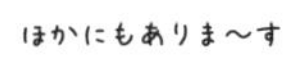

いろいろなノンパラメトリック検定

- ラン検定
- 順位相関検定
- メディアン検定
- 正規スコア検定
- コルモゴロフの適合度検定
- アンサリー・ブラッドレイの検定
- スミルノフの検定
- マクニマーの検定

■ウィルコクスンの順位和検定

ウィルコクスンの順位和検定とは，

“２つの母集団の分布の位置にズレがあるかどうか？”

を検定する手法です．

標本データの値を順位におきかえるので，**順位和検定**ともいいます．

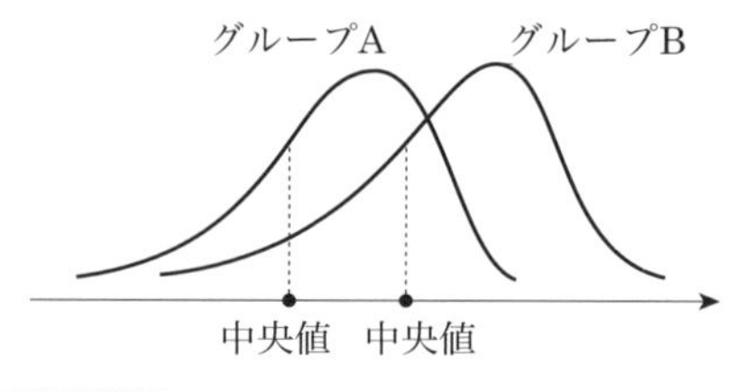

←中央値は分布の位置を示す統計量

図 9.1.1　ノンパラメトリック的考え方

はじめに，グループＡとグループＢのデータをまとめて，

１位から７位まで，順位をつけてみると……

表 9.1.2　順位表

順位	1位	2位	3位	4位	5位	6位	7位
グループＡ			50		70	80	90
グループＢ	30	40		60			

グループＡの順位和 W は

$$W_0 = 3 + 5 + 6 + 7$$ ←標本数の多い方

グループＢの順位和 W は

$$W = 1 + 2 + 4 = 7$$ ←標本数の少ない方

になっています．

この順位和は，どのような動きをするのでしょうか？

そこで，順位和の分布を調べてみると……

順位和の最小値と最大値は

$$1+2+3=6 \quad と \quad 5+6+7=18$$

なので，順位和は次のように分布していることがわかります．

表 9.1.3　順位和 W の分布

順位和	6	7	8	9	10	11	12	13	14	15	16	17	18	計
何通り	1	1	2	3	4	4	5	4	4	3	2	1	1	35
確　率	$\frac{1}{35}$	$\frac{1}{35}$	$\frac{2}{35}$	$\frac{3}{35}$	$\frac{4}{35}$	$\frac{4}{35}$	$\frac{5}{35}$	$\frac{4}{35}$	$\frac{4}{35}$	$\frac{3}{35}$	$\frac{2}{35}$	$\frac{1}{35}$	$\frac{1}{35}$	1

例えば，$W=10$ の場合．順位和が 10 になる組み合わせは

$$1+2+7, \quad 1+3+6, \quad 1+4+5, \quad 2+3+5$$

の 4 通りなので，

順位和が $W=10$ になる確率は $\frac{4}{35}$ となります．

この順位和の分布のグラフは，次のようになります．

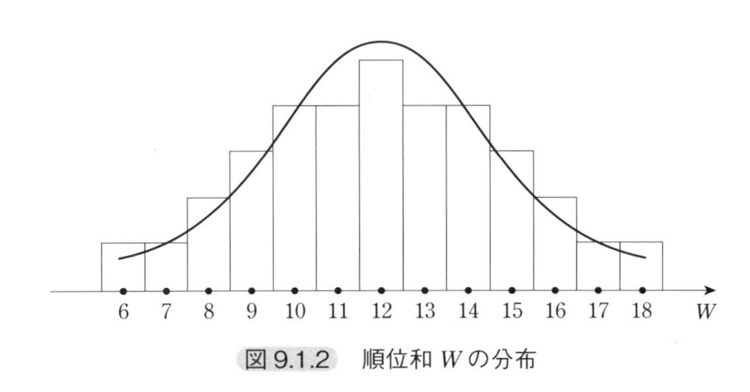

図 9.1.2　順位和 W の分布

このように，順位和の分布の形が具体的にわかるので，

“順位和 W を検定統計量とすることができる!!”

ということがわかります．

そこで，次のように仮説をたてます．

仮説 H_0：グループAとグループBの位置は同じ

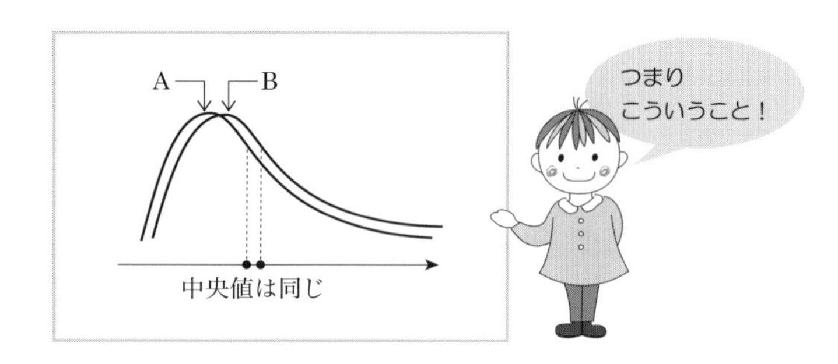

このとき，順位和 $W=7$ の両側有意確率は，次の図のように

$$\left(\frac{2}{35}+\frac{2}{35}\right)=0.114$$

と求めることができます．

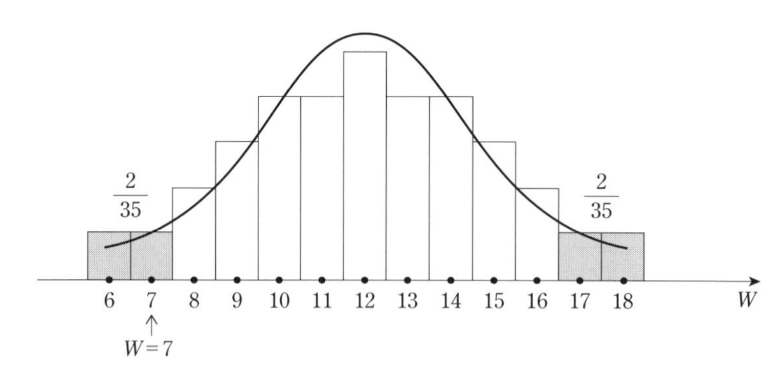

図 9.1.3　順位和分布の両側有意確率

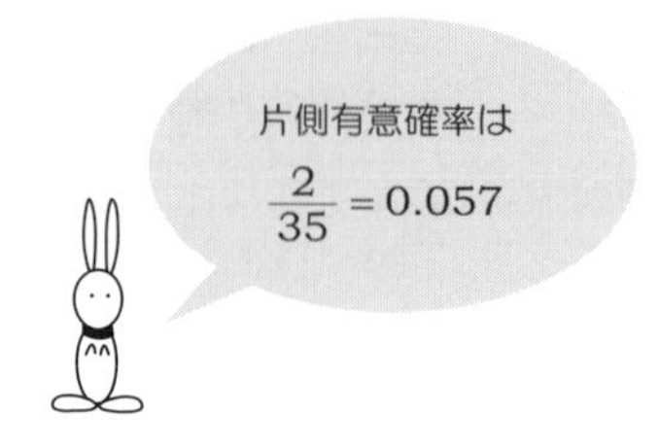

解説

■マン・ホイットニーの検定

ウィルコクスンの順位和検定によく似た検定として

マン・ホイットニーの検定

があります．

この２つの検定は，次の SPSS による出力を見てもわかるように本質的に同じ検定です．

表 9.1.4　SPSS による出力

Test Statistics

Mann-Whitney U	1.000	←U
Wilcoxon W	7.000	←W
Z	-1.768	
Asymp. Sig. (2-tailed)	0.077	
Exact Sig. [2*(1-tailed Sig.)]	0.114	
Exact Sig. (2-tailed)	0.114	←両側有意確率
Exact Sig. (1-tailed)	0.057	←片側有意確率
Point Probability	0.029	

２つの検定統計量 U と W の間には，次の関係式

$$U = W - \frac{N \times (N+1)}{2}$$

が成り立ちます．

3コ

$$w = \underbrace{1+2+4}_{3コ} = 7$$

$$1 = 7 - \frac{3 \times (3+1)}{2}$$

■ 3通りの対立仮説

検定のとき大切な点は，対立仮説 H_1 のたて方です．

対立仮説のたて方には，次の３通りがあります．

① 対立仮説 H_1：グループＡとグループＢの位置は異なる

② 対立仮説 H_1：グループＡの位置はグループＢより左にある

③ 対立仮説 H_1：グループＡの位置はグループＢより右にある

① 対立仮説 H_1：グループＡとグループＢの位置は異なる

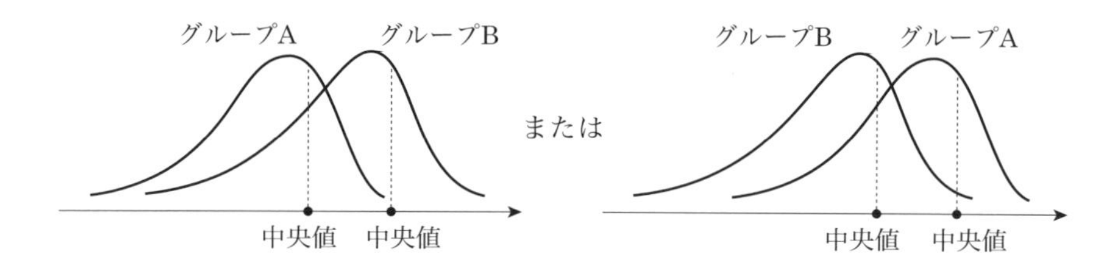

両側検定の棄却域と棄却限界は，次のようになります．

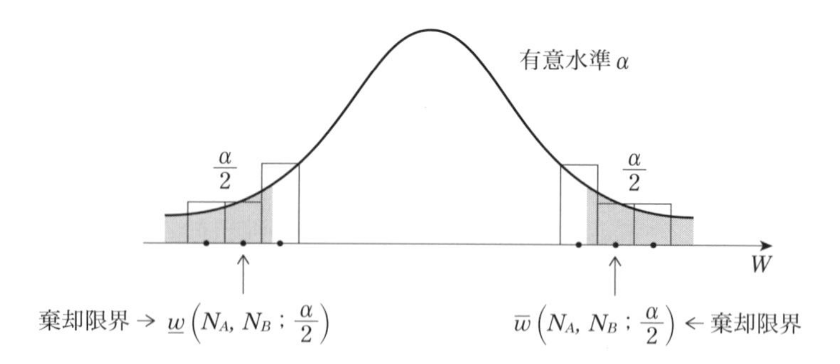

② 対立仮説 H_1：グループAの位置はグループBより左にある

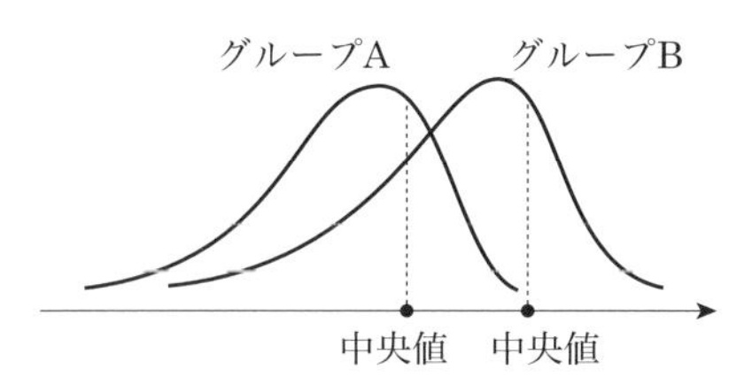

棄却域と棄却限界は，次のようになります．

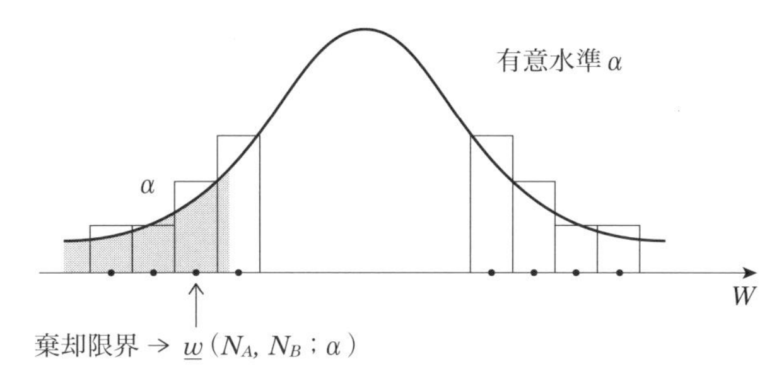

③ 対立仮説 H_1：グループAの位置はグループBより右にある

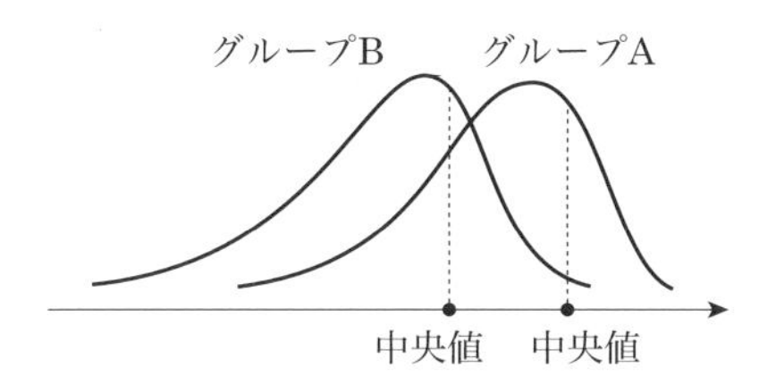

棄却域と棄却限界は，次のようになります．

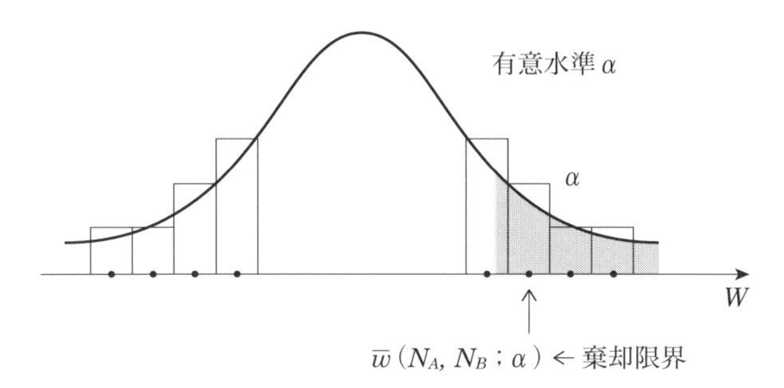

すぐわかるウィルコクスンの順位和検定の公式

手順1 仮説と対立仮説をたてる.

仮説　　H_0：グループAとグループBの位置は同じ

対立仮説 H_1：グループAとグループBの位置は異なる　　⬅両側検定

手順2 データから，次の順位表を作る.

グループA	［データ］	x_{A1}	x_{A2}	…	x_{AN_A}
	↓	↓	↓	…	↓
	［順　位］	r_{A1}	r_{A2}	…	r_{AN_A}
グループB	［データ］	x_{B1}	x_{B2}	…	x_{BN_B}
	↓	↓	↓	…	↓
	［順　位］	r_{B1}	r_{B2}	…	r_{BN_B}

2つのグループをまとめて順位をつけます
数表は $N_A \leqq N_B$

手順3 検定統計量 W を計算する.

$$W_A = r_{A1} + r_{A2} + \cdots + r_{AN_A}$$ ⬅ Aの順位和

$$W_B = r_{B1} + r_{B2} + \cdots + r_{BN_B}$$ ⬅ Bの順位和

手順4 検定統計量と棄却限界を比較する.

有意水準を α とし，ウィルコクスンの順位和検定の数表から

$$W \leqq \underline{w}\left(N_A, N_B ; \frac{\alpha}{2}\right) \quad \text{または} \quad W \geqq \overline{w}\left(N_A, N_B ; \frac{\alpha}{2}\right)$$

ならば，仮説 H_0 を棄てる.

⬆両側検定なので，$\frac{\alpha}{2}$ のところの $\underline{w}\left(N_A, N_B ; \frac{\alpha}{2}\right)$，$\overline{w}\left(N_A, N_B ; \frac{\alpha}{2}\right)$ を見る

W は
　W_A または W_B
とします

例題

ウィルコクスンの順位和検定の例題

手順 1　仮説と対立仮説をたてると……

仮説　　H_0：グループＡとグループＢの位置は同じ

対立仮説 H_1：グループＡとグループＢの位置は異なる　　⬅両側検定

手順 2　データから，次の順位表を作ると……

グループＡ	50 ↓ 3	70 ↓ 5	80 ↓ 6	90 ↓ 7
グループＢ	30 ↓ 1	40 ↓ 2	60 ↓ 4	

数表は $N_A \leqq N_B$ ですが
棄却限界は同じです
$W=21$ としても
同じ結論を得ます

手順 3　検定統計量 W を求めると……

$$W_A = 3 + 5 + 6 + 7 = 21$$

$$W_B = \boxed{1} + \boxed{2} + \boxed{4} + \quad = \boxed{7}$$

手順 4　検定統計量と棄却限界を比較すると……

有意水準を α とすると

$$\underset{\underline{w}(3,4;0.025)}{\boxed{?}} < \underset{W}{\boxed{7}} < \underset{\overline{w}(3,4;0.025)}{\boxed{?}}$$

なので，仮説 H_0 は

棄てられない？

したがって，グループＡとグループＢの位置が異なるとはいえない？

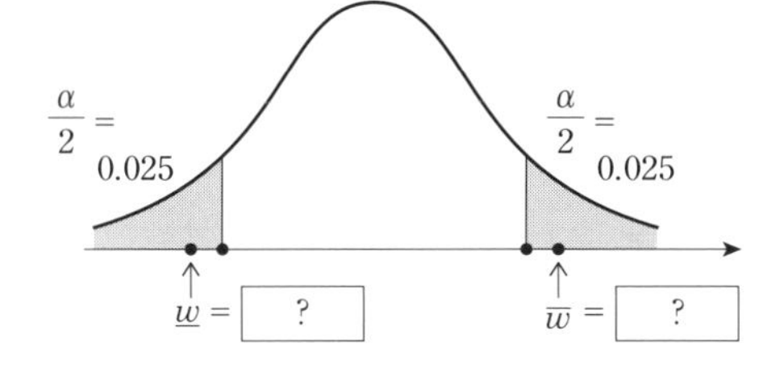
$\frac{\alpha}{2}$ = 0.025
$\frac{\alpha}{2}$ = 0.025
$\underline{w}$ = ?
$\overline{w}$ = ?

データ数が少ないので
数表に棄却限界がありません

ウィルコクスンの順位和検定の演習

次のデータは，緑黄色野菜と淡色野菜の 100g 当りのビタミンCの測定結果です．

緑黄色野菜と淡色野菜とでは，ビタミンCの量に差があるのだろうか？

そこで，ウィルコクスンの順位和検定をしてみよう．

表 9.1.4　緑黄色野菜と淡色野菜のビタミンC

緑黄色野菜

No.	ビタミンC	
1	かぼちゃ	16mg
2	ブロッコリー	160mg
3	ほうれんそう	65mg
4	パセリ	200mg
5	ピーマン	80mg
6	にら	25mg
7	にんじん	6mg
8	アスパラガス	14mg

淡色野菜

No.	ビタミンC	
1	かぶ	17mg
2	キャベツ	44mg
3	だいこん	15mg
4	たけのこ	11mg
5	もやし	8mg
6	はくさい	22mg
7	なす	5mg
8	きゅうり	13mg

分布の型は……？？？

ウィルコクスンの順位和検定は
母集団の分布の型が
わからなくても検定できます

【SPSS の結果】

Test Statistics

Mann-Whitney U	15.000
Wilcoxon W	51.000
Z	-1.785
Asymp. Sig. (2-tailed)	0.074
Exact Sig. [2*(1-tailed Sig.)]	0.083
Exact Sig. (2-tailed)	0.083
Exact Sig. (1-tailed)	0.041
Point Probability	0.009

手順 1　仮説と対立仮説をたてよう.

仮説　　　H_0：緑黄色野菜と淡色野菜のビタミンCの量は同じ

対立仮説 H_1：緑黄色野菜と淡色野菜のビタミンCの量は異なる

⬅向側検定

手順 2　データから，次の順位表を作ろう.

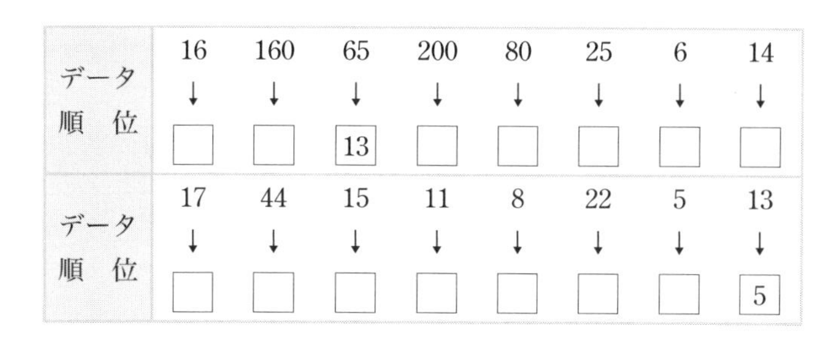

データ 順　位	16	160	65	200	80	25	6	14
	↓	↓	↓	↓	↓	↓	↓	↓
	□	□	13	□	□	□	□	□
データ 順　位	17	44	15	11	8	22	5	13
	↓	↓	↓	↓	↓	↓	↓	↓
	□	□	□	□	□	□	□	5

手順 3　検定統計量 W を計算しよう.

$$W_A = \square + \square + \cdots + \square = \square$$

$$W_B = \square + \square + \cdots + \square = \square$$

手順 4　検定統計量と棄却限界を比較しよう.

有意水準を $\alpha = 0.05$ とすると

$$\underset{\underline{w}(8,\,8\,;\,0.025)}{\square} < \underset{WA}{\square} < \underset{\overline{w}(8,\,8\,;\,0.025)}{\square}$$

なので，仮説 H_0 は □.

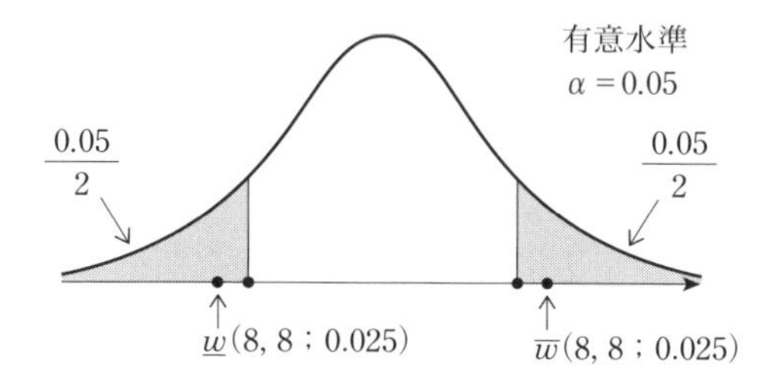

したがって，ビタミンCの量は □.

解説

9.2 符号検定とウィルコクスンの符号付順位検定

２つのグループ間に対応がある場合の検定として，

- 符号検定
- ウィルコクスンの符号付順位検定

の２つの方法が考案されています．

そこで，次のデータを，この２つの方法で検定してみよう．

表 9.2.1　対応のある２つのグループＡとＢ

No.	グループA	グループB
1	26	32
2	34	43
3	28	31
4	29	29
5	30	35
6	31	29
7	32	39

対応のある
２つのグループです

２つの方法の検定結果は同じようになるのだろうか？

ここで，統計解析用ソフト SPSS での分析結果を見比べてみると……

【符号検定の場合】

表 9.2.2　SPSS による出力

Test Statistics

Exact Sig. (2-tailed)	0.219
Exact Sig. (1-tailed)	0.109
Point Probability	0.094

【ウィルコクスンの符号付順位検定の場合】

表 9.2.3　SPSS による出力

Test Statistics

Z	-1.992
Asymp. Sig. (2-tailed)	0.046
Exact Sig. (2-tailed)	0.063
Exact Sig. (1-tailed)	0.031
Point Probability	0.016

両側有意確率を比べると……

符号検定の
両側有意確率は
0.219 です
ウィルコクスンの
符号付順位検定の
両側有意確率は
0.063 です

このように，符号検定よりウィルコクスンの符号付順位検定の方が，有意差が出やすいといえます．

すぐわかる符号検定の公式

⬅対称でない分布の差の検定

手順 1　仮説と対立仮説をたてる.

仮説　　　H_0：グループAとグループBの位置は同じ

対立仮説 H_1：グループAとグループBの位置は異なる

手順 2　データから，次の符号を求める.

No.	1	2	…	N
グループA	x_{A1}	x_{A2}	…	x_{AN}
グループB	x_{B1}	x_{B2}	…	x_{BN}
符号	?	?	…	?

⬅ x_{1i} と x_{2i} が対応している

⬅ 0 が N_0 個あれば標本の数を $N-N_0$ とする

2つのグループの間に対応があります

手順 3　検定統計量 S を求める.

$S(+)=+$ の符号の個数

$S(-)=-$ の符号の個数

手順 4　検定統計量と棄却限界を比較する.

有意水準を α とする.

このとき

$$S(+)\leqq \underline{s}\left(N;\frac{\alpha}{2}\right) \quad \text{または} \quad \overline{s}\left(N;\frac{\alpha}{2}\right)\leqq S(+)$$

ならば，仮説 H_0 を棄却する.

$\underline{s}$, $\overline{s}$ は符号検定の数表を見てね

統計解析ソフトSPSSでは

$$S(-)\leqq \underline{s}\left(N;\frac{\alpha}{2}\right) \quad \text{または} \quad \overline{s}\left(N;\frac{\alpha}{2}\right)\leqq S(-)$$

のとき，仮説 H_0 を棄却します

例題

符号検定の例題

手順1 仮説と対立仮説をたてると……

仮説　　H_0：グループAとグループBの位置は同じ

対立仮説 H_1：グループAとグループBの位置は異なる

手順2 データから，次の符号を求めると……　　⬅データは表 9.2.1

No.	1	2	3	4	5	6	7
グループA	26	34	28	29	30	31	32
グループB	32	43	31	29	35	29	39
符号	−	−	−	0	−	+	−

⬆ 26−32<0 なので−　⬆ 0 が 1 個ある　⬆ 31−29>0 なので+

手順3 検定統計量 S を求めると……

$S(+) = \boxed{1}$　　⬅+の個数

$S(-) = \boxed{5}$　　⬅−の個数

手順4 検定統計量と棄却限界を比較すると……

有意水準 α を $\boxed{0.05}$ とすると

$$\underset{\underline{s}(6\,;\,0.025)}{\boxed{0}} < \underset{S(+)}{\boxed{1}} < \underset{\overline{s}(6\,;\,0.025)}{\boxed{6}}$$

なので，仮説 H_0 は棄てられない.

したがって，グループAとグループBの位置は異なるとはいえない.

差が 0 のデータが 1 個あるので
符号検定の数表を見るときは
$N-N_0=7-1=6$

すぐわかるウィルコクスンの符号付順位検定の公式

←対称な分布の差の検定

手順1 仮説と対立仮説をたてる.

仮説　　　H_0：グループAとグループBの位置は同じ

対立仮説 H_1：グループAとグループBの位置は異なる

手順2 データから，次のウィルコクスンの符号付順位を求める.

No.	1	2	…	N
グループA	x_{A1}	x_{A2}	…	x_{AN}
グループB	x_{B1}	x_{B2}	…	x_{BN}
差	$x_{A1}-x_{B1}$	$x_{A2}-x_{B2}$	…	$x_{AN}-x_{BN}$
絶対値	$\|x_{A1}-x_{B1}\|$	$\|x_{A2}-x_{B2}\|$	…	$\|x_{AN}-x_{BN}\|$
符号	r_1	r_2	…	r_N

←x_{A1} と x_{B1} が対応している

←0が N_0 個あれば標本の数を $N-N_0$ とする

←絶対値をとったときの順位

手順3 検定統計量 WS を求める.

$WS(+)$ = 差が＋の符号の順位和　　←差が＋の順位

$WS(-)$ = 差が－の符号の順位和　　←差が－の順位

手順4 検定統計量と棄却限界を比較する.

有意水準を α とする.

このとき

$$WS(+) \leqq \underline{ws}\left(N-N_0\,;\,\frac{\alpha}{2}\right) \quad \text{または} \quad \overline{ws}\left(N-N_0\,;\,\frac{\alpha}{2}\right) \leqq WS(+)$$

ならば，仮説 H_0 を棄却する.

ウィルコクスンの符号付順位検定の数表を見てね

SPSSでは

$$WS(-) \leqq \underline{us}\left(N-N_0\,;\,\frac{\alpha}{2}\right)$$

または

$$\overline{us}\left(N-N_0\,;\,\frac{\alpha}{2}\right) \leqq WS(-)$$

のとき，仮説 H_0 を棄却します

ウィルコクスンの符号付順位検定の例題

手順 1　仮説と対立仮説をたてると……

仮説　　H_0：グループAとグループBの位置は同じ

対立仮説 H_1：グループAとグループBの位置は異なる

手順 2　データから，次のウィルコクスンの符号付順位を求めると……

No.	1	2	3	4	5	6	7
グループA	26	34	28	29	30	31	32
グループB	32	43	31	29	35	29	39
差	−6	−9	−3	0	−5	+2	−7
絶対値	6	9	3	0	5	2	7
順位	4	6	2		3	1	5

手順 3　検定統計量 WS を求めると……

$WS(+) = 1$　　⬅差が＋の順位

$WS(-) = 4+6+2+3+5 = 20$　　⬅差が－の順位

手順 4　検定統計量と棄却限界を比較すると……

有意水準を $\alpha = 0.05$ とすると　　⬅両側検定

$\underline{ws}(\boxed{}\,;0.025) < WS(+) < \overline{ws}(\boxed{}\,;0.025)$　　⬅ $N_0 = 1$

なので，仮説 H_0 は棄てられない．

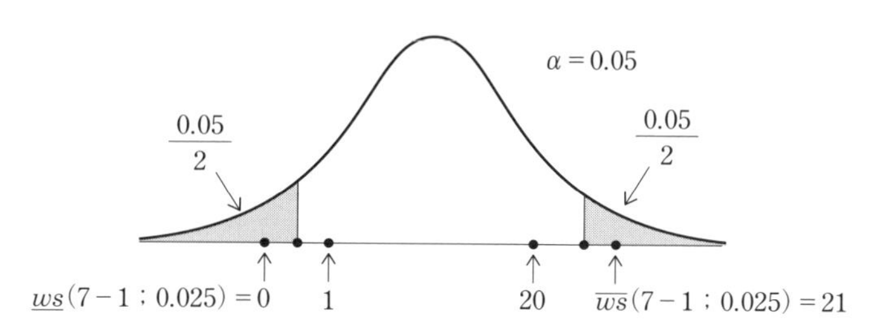

したがって，グループAとグループBの位置は異なるとはいえない．

ウィルコクスンの符号付順位検定の演習

次のデータは，野菜のカロリーについて調査した結果です．
野菜はゆでることにより，カロリーに変化が起こるのだろうか．
そこで，ウィルコクスンの符号付順位検定をしてみよう．

表 9.2.1　野菜のカロリーは変化する？

No.	1	2	3	4	5	6	7	8	9	10
ゆでる前	55	28	21	86	11	34	13	37	15	24
ゆでた後	43	27	21	96	15	25	15	31	18	24

差が出やすいから
ウィルコクスンの
符号付順位検定
を選んだの？

【SPSS の結果】

Wilcoxon Signed Ranks Test

Ranks

		N	Mean Rank	Sum of Ranks
ゆでた後 - ゆでる前	Negative Ranks	4	5	20
	Positive Ranks	4	4	16
	Ties	2		
	Total	10		

演習

手順 1　仮説と対立仮説をたてよう．

仮説　　　H_0：ゆでる前とゆでた後でカロリーは変化しない

対立仮説 H_1：ゆでる前とゆでた後でカロリーは変化する

手順 2　データから，次のウィルコクスンの符号付順位を求めよう．

No.	1	2	3	4	5	6	7	8	9	10
ゆでる前	55	28	21	86	11	34	13	37	15	24
ゆでた後	43	27	21	96	15	25	15	31	18	24
差				−10				+6		
絶対値				10				6		
順位										

手順 3　検定統計量 WS を求めよう．

$WS(+) = \square + \square + \square + \square = \square$

$WS(-) = \square + \square + \square + \square = \square$

手順 4　検定統計量と棄却限界を比較しよう．

有意水準を $\alpha = 0.05$ とする．

$\underline{w}(8\,;\,0.025)$　　$WS(+)$　　$\overline{w}(8\,;\,0.025)$

$\square < \square < \square$

なので，仮説 H_0 は $\square$．

したがって，カロリーは変化 $\square$．

このデータの場合
符号検定を使うと
その検定結果は？

第10章 データの関連性を調べる

独立性の検定

10.1 クロス集計表

次のようなアンケート調査をおこないました．
調査対象者は 60 人の小学 1 年生です．

表 10.1.1 小さなアンケート調査票

【質問項目Ａ】
あなたは 女の子 ですか？ 男の子 ですか？

1．女の子　　　2．男の子

【質問項目Ｂ】
あなたは こくご が すきですか？

1．すき
2．すき でも きらい でもない
3．きらい

解説

アンケート調査の結果は，次のようになりました．

表 10.1.2　アンケート調査の結果

No.	性別	国語	No.	性別	国語	No.	性別	国語
1	1	2	21	2	2	41	1	1
2	2	2	22	1	2	42	1	2
3	2	2	23	1	2	43	2	2
4	2	1	24	1	3	44	1	2
5	1	1	25	1	2	45	2	2
6	1	2	26	1	2	46	2	2
7	1	2	27	2	2	47	1	2
8	1	3	28	2	2	48	1	2
9	2	3	29	1	1	49	1	3
10	2	2	30	2	1	50	1	3
11	1	2	31	1	2	51	2	2
12	1	2	32	1	2	52	2	2
13	1	3	33	1	2	53	1	3
14	1	1	34	2	2	54	1	2
15	2	1	35	2	3	55	1	2
16	1	2	36	1	2	56	2	2
17	2	2	37	1	1	57	2	2
18	2	2	38	1	3	58	2	2
19	2	2	39	1	3	59	1	2
20	2	2	40	1	3	60	1	2

属性 A ─ カテゴリ A_1 ／ カテゴリ A_2
属性 B ─ カテゴリ B_1 ／ カテゴリ B_2

解説

■クロス集計表

このようなアンケート調査の場合，データの要約方法として，次の**クロス集計表**があります．

表 10.1.3　$a \times b$ クロス集計表

カテゴリ		属性 B			
		B_1	B_2	$\cdots$	B_b
属性 A	A_1				
	A_2				
	$\vdots$				
	A_a				

←属性 B のカテゴリ

↑属性 A のカテゴリ

このマスを"セル"といいます

そこで，アンケート調査の結果をまとめてみると……

表 10.1.4　2×3 クロス集計表

カテゴリ		国語			合計
		好き	どちらでもない	嫌い	
性別	男子	3	19	2	24
	女子	5	22	9	36
合計		8	41	11	60

解説

■ステレオグラム

統計処理の第一歩は，グラフ表現です．

クロス集計表のグラフ表現は，次のような3次元ヒストグラムになります．

このグラフ表現を**ステレオグラム**といいます．

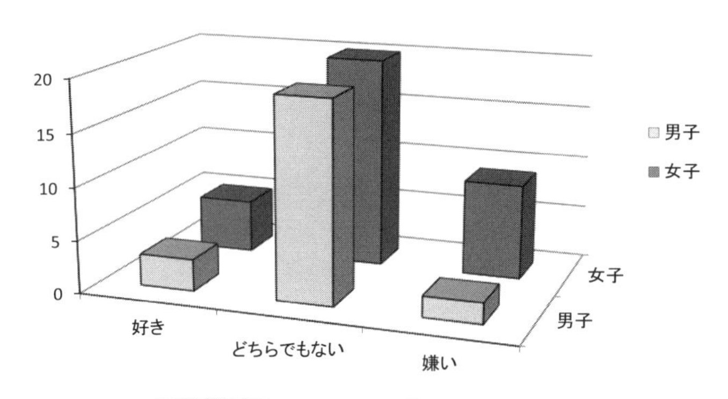

図 10.1.1 ステレオグラム

結果をまとめるときは項目名もわかりやすくしましょう！

このクロス集計表の作り方は，度数分布表における度数の求め方と同じです．それぞれのセルに属するデータの個数を数えあげます．

2×2 クロス集計表

	花粉症あり	花粉症なし
都会		
田舎		

3×3 クロス集計表

		ジョギング		
		よくする	ときどき	しない
体型	肥満ぎみ			
	標準的			
	痩せている			

10.2 独立性の検定をしてみよう

次のデータは，アンケートの調査結果をクロス集計表にまとめたものです．

このデータは，どのように分析すればよいのだろうか？

表 10.2.1　性別と国語のクロス集計表

カテゴリ		国語			合計
		好き	どちらでもない	嫌い	
性別	男子	3	19	2	24
	女子	5	22	9	36
合計		8	41	11	60

このようなクロス集計表が与えられた場合，知りたいことは

“性別と国語の好き・嫌いの間に関係があるのだろうか？”

ということです．

２つの変数の間の関係といえば相関がありますが，
このようなクロス集計表の場合には

“２つの属性は関連があるかどうか？”

を調べることになります．

したがって，このデータでは

“性別と国語の好き・嫌いは関連があるかどうか？”

を調べればよいことになります．

2つの属性の**関連**とは，要するに

関連がある　↔　独立でない

関連がない　↔　独立である

と解釈します．

ところで，2つの属性A，Bの**独立**は，次のように定義されています．

$$Pr(\mathrm{A}\cap\mathrm{B}) = Pr(\mathrm{A}) \times Pr(\mathrm{B})$$

⬅ $Pr(\mathrm{A})$ Aの起こる確率

さっそく，独立性の検定をしてみよう！

検定のための3つの手順は

手順❶　仮説と対立仮説をたてる

手順❷　検定統計量を計算する

手順❸　検定統計量が棄却域に入るとき，仮説を棄てる

となります．

このとき，仮説と対立仮説は，

仮説　　 H_0：2つの属性は独立である

対立仮説 H_1：2つの属性は関連がある

となります．

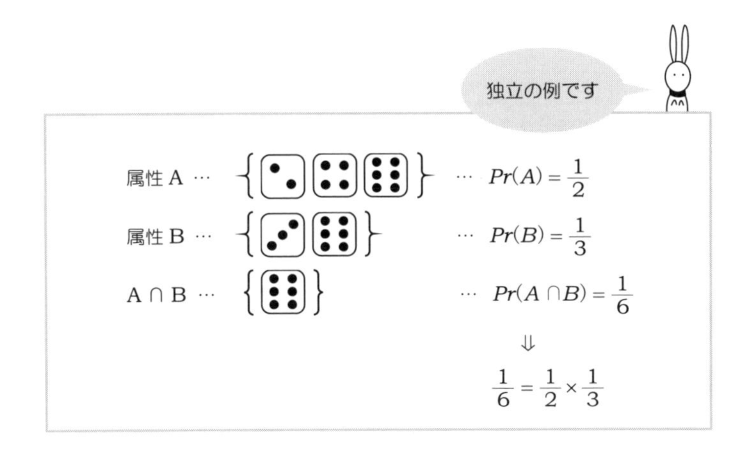

すぐわかる独立性の検定の公式

手順1　仮説と対立仮説をたてる．

仮説　　　H_0：２つの属性 A と B は独立である

対立仮説 H_1：２つの属性 A と B は関連がある

手順2　クロス集計表から，次の統計量 $f_{i} \times f_{j}$ を計算する．

$a \times b$ クロス集計表

カテゴリ	B_1	B_2	$\cdots$	B_b	合計
A_1	f_{11}	f_{12}	$\cdots$	f_{1b}	$f_{1\cdot}$
A_2	f_{21}	f_{22}	$\cdots$	f_{2b}	$f_{2\cdot}$
$\vdots$	$\vdots$	$\vdots$	$\vdots$	$\vdots$	
A_a	f_{a1}	f_{a2}	$\cdots$	f_{ab}	$f_{a\cdot}$
合計	$f_{\cdot 1}$	$f_{\cdot 2}$	$\cdots$	$f_{\cdot b}$	N

カテゴリ	B_1	B_2	$\cdots$	B_b
A_1	$f_{1\cdot} \times f_{\cdot 1}$	$f_{1\cdot} \times f_{\cdot 2}$	$\cdots$	$f_{1\cdot} \times f_{\cdot b}$
A_2	$f_{2\cdot} \times f_{\cdot 1}$	$f_{2\cdot} \times f_{\cdot 2}$	$\cdots$	$f_{2\cdot} \times f_{\cdot b}$
$\vdots$	$\vdots$	$\vdots$	$\vdots$	$\vdots$
A_a	$f_{a\cdot} \times f_{\cdot 1}$	$f_{a\cdot} \times f_{\cdot 2}$	$\cdots$	$f_{a\cdot} \times f_{\cdot b}$

A と B が独立と仮定すれば

$$Pr(A_1 \cap B_1) = Pr(A_1) \times Pr(B_1)$$

$$\frac{f_{11}}{N} = \frac{f_{1\bullet}}{N} \times \frac{f_{\bullet 1}}{N}$$

p.200 に
続きます

独立性の検定の例題

手順 1　仮説と対立仮説をたてると……

仮説　　　H_0：性別と国語の好き・嫌いは独立である

対立仮説 H_1：性別と国語の好き・嫌いは関連がある

手順 2　2×3 クロス集計表から，次の統計量 $f_{i\cdot} \times f_{\cdot j}$ を計算すると……

2×3 クロス集計表

カテゴリ		国語			合計
		好き	どちらでもない	嫌い	
性別	男子	3	19	2	24
	女子	5	22	9	36
合計		8	41	11	60

カテゴリ	好き	どちらでもない	嫌い
男子	192	984	264
女子	288	1476	396

各セルではこんな計算をしていま〜す

$f_{1\bullet} \times f_{\bullet 1} = 8 \times 24$　　$f_{1\bullet} \times f_{\bullet 2} = 41 \times 24$　　$f_{1\bullet} \times f_{\bullet 3} = 11 \times 24$

$f_{2\bullet} \times f_{\bullet 1} = 8 \times 36$　　$f_{2\bullet} \times f_{\bullet 2} = 41 \times 36$　　$f_{2\bullet} \times f_{\bullet 3} = 11 \times 36$

p.201 に
続きます

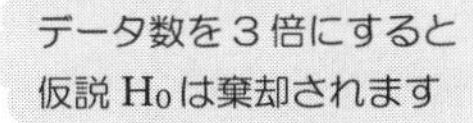
データ数を 3 倍にすると
仮説 H0 は棄却されます

手順 3　検定統計量 $T(f_{ij})$ を計算する．

$$T(f_{ij}) = \frac{(N\times f_{11}-f_{1\cdot}\times f_{\cdot 1})^2}{N\times(f_{1\cdot}\times f_{\cdot 1})}+\cdots+\frac{(N\times f_{1b}-f_{1\cdot}\times f_{\cdot b})^2}{N\times(f_{1\cdot}\times f_{\cdot b})}$$
$$+\frac{(N\times f_{21}-f_{2\cdot}\times f_{\cdot 1})^2}{N\times(f_{2\cdot}\times f_{\cdot 1})}+\cdots+\frac{(N\times f_{2b}-f_{2\cdot}\times f_{\cdot b})^2}{N\times(f_{2\cdot}\times f_{\cdot b})}$$
$$\vdots \qquad\qquad \vdots$$
$$+\frac{(N\times f_{a1}-f_{a\cdot}\times f_{\cdot 1})^2}{N\times(f_{a\cdot}\times f_{\cdot 1})}+\cdots+\frac{(N\times f_{ab}-f_{a\cdot}\times f_{\cdot b})^2}{N\times(f_{a\cdot}\times f_{\cdot b})}$$

手順 4　検定統計量と棄却限界を比較する．

有意水準を α とし，カイ２乗分布の数表から，

棄却限界 $\chi^2((a-1)\times(b-1)\,;\,\alpha)$ を求める．

このとき，

$$T(f_{ij}) \geqq \chi^2((a-1)\times(b-1)\,;\,\alpha)$$

ならば，仮説 H_0 を棄却する．

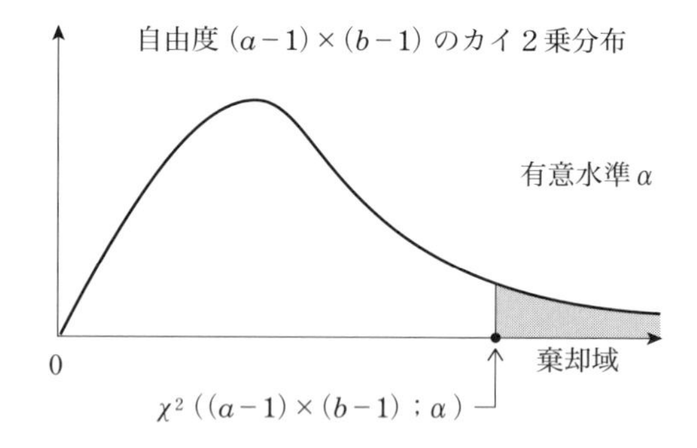

拡大鏡

仮説が成り立つとき，この検定統計量は自由度 $(m-1)\times(r-1)$ の χ^2 分布で近似されますが，そのためには期待度数 $\frac{f_{i\cdot}\times f_{\cdot j}}{N} \geqq 5$ が必要となります．

手順 3　検定統計量 $T(f_{ij})$ を計算すると……

$$T(f_{ij}) = \frac{(\boxed{60}\times\boxed{3}-\boxed{192})^2}{\boxed{60}\times\boxed{192}} + \frac{(\boxed{60}\times\boxed{19}-\boxed{984})^2}{\boxed{60}\times\boxed{984}}$$

$$+ \frac{(\boxed{60}\times\boxed{2}-\boxed{264})^2}{\boxed{60}\times\boxed{264}} + \frac{(\boxed{60}\times\boxed{5}-\boxed{288})^2}{\boxed{60}\times\boxed{288}}$$

$$+ \frac{(\boxed{60}\times\boxed{22}-\boxed{1476})^2}{\boxed{60}\times\boxed{1476}} + \frac{(\boxed{60}\times\boxed{9}-\boxed{396})^2}{\boxed{60}\times\boxed{396}} = \boxed{2.890}$$

手順 4　検定統計量と棄却限界を比較すると……

有意水準を $\alpha = 0.05$ とし，カイ２乗分布の数表から

棄却限界 $\chi^2((2-1)\times(3-1)\,;\,0.05)$ を求めると

$$T(f_{ij}) = \boxed{2.890} < \chi^2((2-1)\times(3-1)\,;\,0.05) = \boxed{5.991}$$

なので，仮説 H_0 は棄てられない.

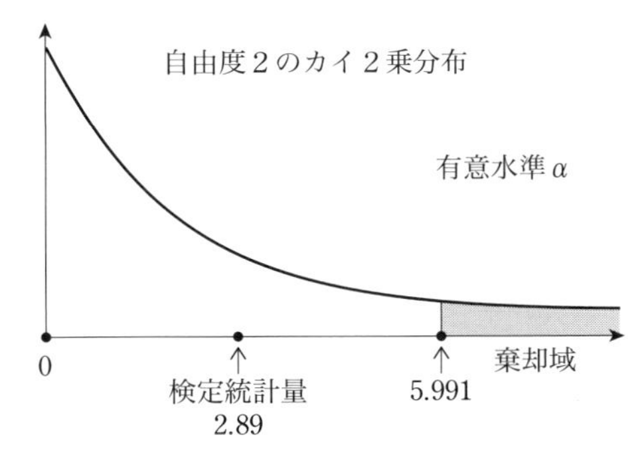

したがって，性別と国語の好き・嫌いに関連があるとはいえない.

このデータの場合
期待度数が５以下のセルが
３個あります

$$\frac{f_{1\bullet}\times f_{\bullet 1}}{N} = \frac{192}{60} = 3.2$$

		B1	B2	B3
A1	実測度数	3	19	2
	期待度数	3.2	16.4	4.4
A2	実測度数	5	22	9
	期待度数	4.8	24.6	6.6

独立性の検定の演習

次のデータはある地方の自動車事故における死傷者数の調査結果です.

このデータから，シートベルト着用による車の安全性を調べたい.

はたして……

シートベルトは交通事故の死亡者数減少に効果があるのだろうか？

そこで，独立性の検定をしてみよう.

表 10.2.2 交通事故死傷者数とシートベルト着用

カテゴリ	シートベルトを着用していた人	シートベルトを着用していなかった人
ケガをした人	10533 人	8896 人
死亡した人	31 人	167 人

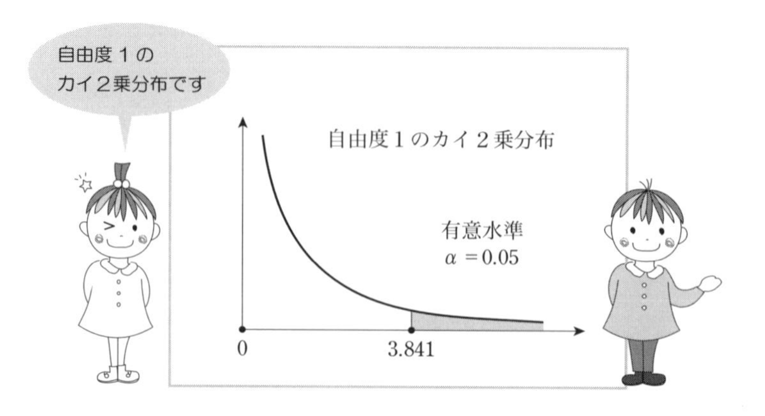

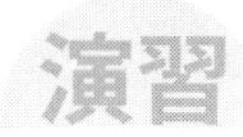

手順 1 仮説と対立仮説をたてよう．

仮説　　H_0：シートベルト着用と死者数は独立である

対立仮説 H_1：シートベルト着用と死者数は関連がある

手順 2 2×2 クロス集計表から，次の統計量を計算しよう．

カテゴリ	着用	非着用	計
負傷	10533	8896	
死亡	31	167	
計			

⇨

カテゴリ	着用	非着用
負傷		
死亡		

手順 3 検定統計量 $T(f_{ij})$ を求めよう．

$$T(f_{ij}) = \frac{(\square\times\square-\square)^2}{\square\times\square}+\frac{(\square\times\square-\square)^2}{\square\times\square}$$

$$+\frac{(\square\times\square-\square)^2}{\square\times\square}+\frac{(\square\times\square-\square)^2}{\square\times\square}$$

$$=\square$$

手順 4 検定統計量と棄却限界を比較しよう．

有意水準を $\alpha = 0.05$ とすると

$$T(f_{ij}) = \square \quad \square \quad \chi^2((\square-1)\times(\square-1)\,;\,0.05) = \square$$

なので，仮説 H_0 は $\square$．

したがって，シートベルトは死亡者数減少に $\square$．

第 11 章

いろいろな確率分布とその数表

数表の見方

11.1 確率変数と確率分布と確率

ここでは，次のような確率分布の数表を取り上げます．

- 標準正規分布のパーセント点
- 自由度 m のカイ 2 乗分布のパーセント点
- 自由度 m の t 分布のパーセント点
- 自由度 (m, n) の F 分布のパーセント点
- ウィルコクスンの順位和検定のパーセント点
- 符号検定のパーセント点
- ウィルコクスンの符号付順位検定のパーセント点
- グラブス・スミルノフ棄却検定

ところで，確率分布とは？

確率分布には，次の 2 種類があります．

- 離散型確率分布
- 連続型確率分布

離散型確率分布は，次のようなヒストグラムになります．

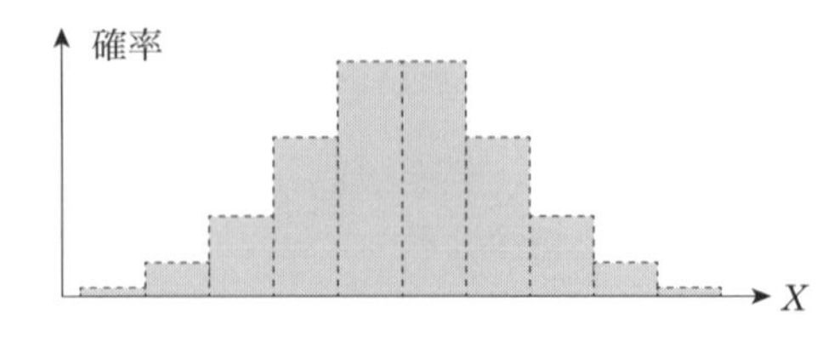

図 11.1.1　離散型確率分布のグラフ

このヒストグラムをなめらかにすると，次のようになります．

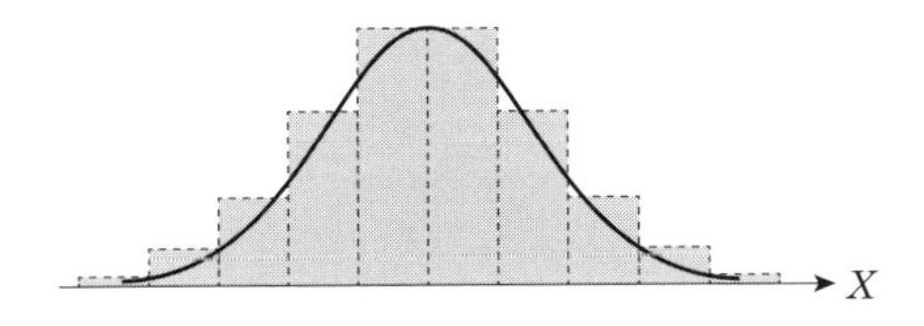

図 11.1.2　ヒストグラムをなめらかに描くと……

この曲線のグラフを**確率密度関数** $\boldsymbol{f(x)}$ といいます．

このとき，横軸を**確率変数**といい，確率変数 X と表します．

確率変数 X と確率密度関数 $f(x)$ の対応を

連続型確率分布といいます．

このような連続型確率分布の場合，

確率 $Pr(a \leqq X \leqq b)$ は，次の図の面積に対応しています．

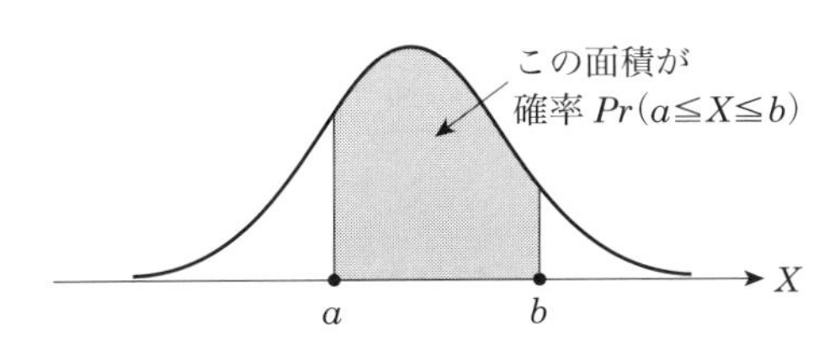

図 11.1.3　確率変数の区間とその確率

連続型確率分布の場合

$Pr(X = a)$

$= Pr(a \leqq X \leqq a)$

$= 0$

$-\infty$　$+\infty$　$= \int_{-\infty}^{+\infty} f(x)\,dx = 1$

11.2 標準正規分布の数表

確率分布のなかで中心的位置をしめるのが，次の正規分布です．

正規分布の定義

確率変数 X に対して，確率密度関数 $f(x)$ が

$$f(x)=\frac{1}{\sigma\sqrt{2\pi}}e^{-\frac{1}{2}\left(\frac{x-\mu}{\sigma}\right)^2}\quad(-\infty<x<+\infty)$$

で表される確率分布を，**正規分布** $N(\mu,\sigma^2)$ という．

正規分布の平均は μ，分散は σ^2 となる．

■標準正規分布のグラフ

平均 0，分散 1^2 の正規分布を，**標準正規分布**といいます．

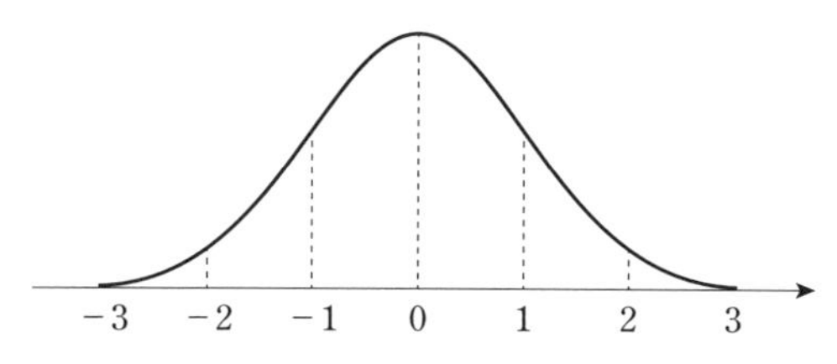

図 11.2.1　標準正規分布 $N(0,1^2)$ のグラフ

信頼係数 95％の区間推定や有意水準 0.05 の仮説の検定では，
次の確率を利用します．

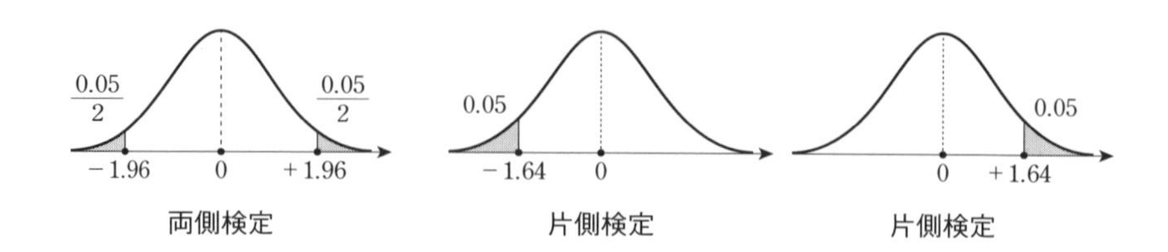

■標準正規分布の確率の求め方

標準正規分布の確率は，数表から求めます．

例えば，確率 $Pr(0 \leqq Z \leqq 1.96)$ を求めてみましょう．

標準正規分布の数表は，右のようになっています．

そこで，1.96 を 1.9 と 0.06 とに分けて，縦が 1.9，横が 0.06 の交わるところの値を読み取ります．

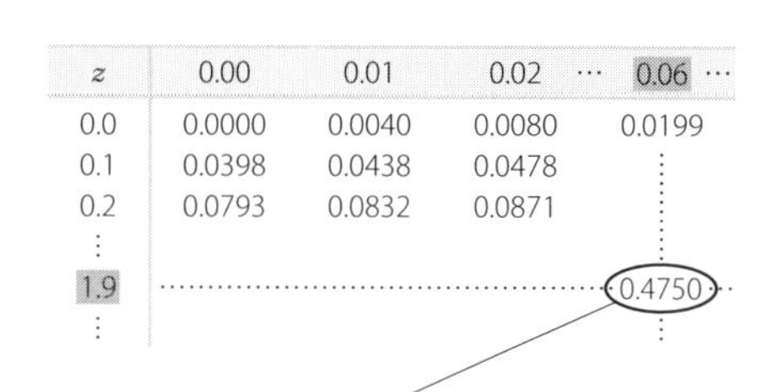

z	0.00	0.01	0.02	…	0.06	…
0.0	0.0000	0.0040	0.0080		0.0199	
0.1	0.0398	0.0438	0.0478		⋮	
0.2	0.0793	0.0832	0.0871			
⋮						
1.9					0.4750	
⋮					⋮	

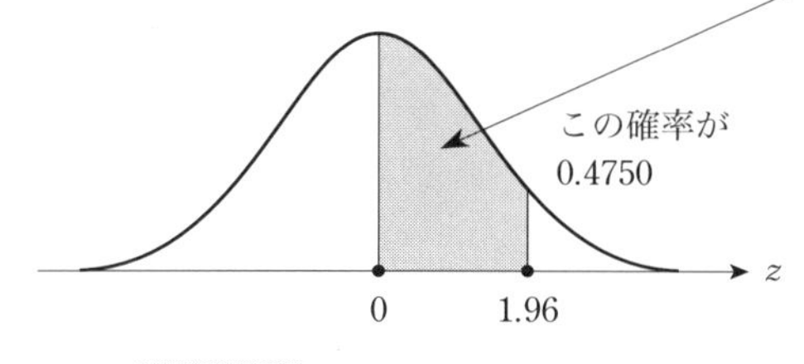

図 11.2.2　グラフにすると……

$Pr(a \leqq Z \leqq b)$ の確率を求めるときは，次の図のように工夫すれば，標準正規分布の数表から求めることができます．

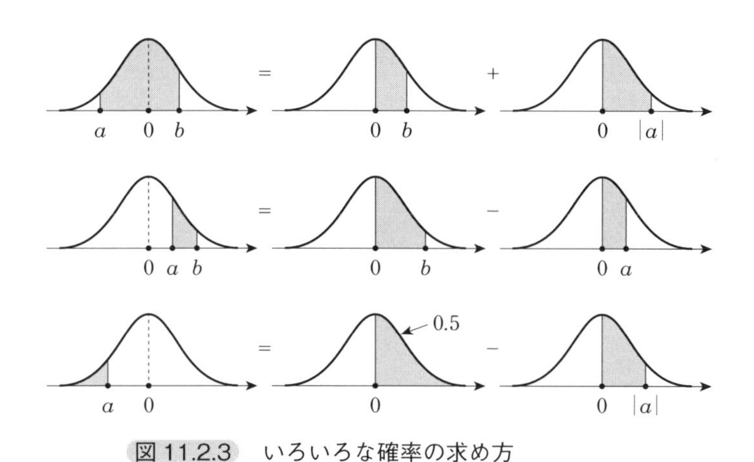

図 11.2.3　いろいろな確率の求め方

標準正規分布の値

z	0.00	0.01	0.02	0.03	0.04
0.0	0.0000	0.0040	0.0080	0.0120	0.0160
0.1	0.0398	0.0438	0.0478	0.0517	0.0557
0.2	0.0793	0.0832	0.0871	0.0910	0.0948
0.3	0.1179	0.1217	0.1255	0.1293	0.1331
0.4	0.1554	0.1591	0.1628	0.1664	0.1700
0.5	0.1915	0.1950	0.1985	0.2019	0.2054
0.6	0.2257	0.2291	0.2324	0.2357	0.2389
0.7	0.2580	0.2611	0.2642	0.2673	0.2704
0.8	0.2881	0.2910	0.2939	0.2967	0.2995
0.9	0.3159	0.3186	0.3212	0.3238	0.3264
1.0	0.3413	0.3438	0.3461	0.3485	0.3508
1.1	0.3643	0.3665	0.3686	0.3708	0.3729
1.2	0.3849	0.3869	0.3888	0.3907	0.3925
1.3	0.40320	0.40490	0.40658	0.40824	0.40988
1.4	0.41924	0.42073	0.42220	0.42364	0.42507
1.5	0.43319	0.43448	0.43574	0.43699	0.43822
1.6	0.44520	0.44630	0.44738	0.44845	0.44950
1.7	0.45543	0.45637	0.45728	0.45818	0.45907
1.8	0.46407	0.46485	0.46562	0.46638	0.46712
1.9	0.47128	0.47193	0.47257	0.47320	0.47381
2.0	0.47725	0.47778	0.47831	0.47882	0.47932
2.1	0.48214	0.48257	0.48300	0.48341	0.48382
2.2	0.48610	0.48645	0.48679	0.48713	0.48745
2.3	0.48928	0.48956	0.48983	0.490097	0.490358
2.4	0.491802	0.492024	0.492240	0.492451	0.492656
2.5	0.493790	0.493963	0.494132	0.494297	0.494457
2.6	0.495339	0.495473	0.495604	0.495731	0.495855
2.7	0.496533	0.496636	0.496736	0.496833	0.496928
2.8	0.497445	0.497523	0.497599	0.497673	0.497744
2.9	0.498134	0.498193	0.498250	0.498305	0.498359
3.0	0.498650	0.498694	0.498736	0.498777	0.498817
3.1	$0.49^{2}0324$	$0.49^{2}0646$	$0.49^{2}0957$	$0.49^{2}1260$	$0.49^{2}1553$
3.2	$0.49^{2}3129$	$0.49^{2}3363$	$0.49^{2}3590$	$0.49^{2}3810$	$0.49^{2}4024$
3.3	$0.49^{2}5166$	$0.49^{2}5335$	$0.49^{2}5499$	$0.49^{2}5658$	$0.49^{2}5811$
3.4	$0.49^{2}6631$	$0.49^{2}6752$	$0.49^{2}6869$	$0.49^{2}6982$	$0.49^{2}7091$
3.5	$0.49^{2}7674$	$0.49^{2}7759$	$0.49^{2}7842$	$0.49^{2}7922$	$0.49^{2}7999$
4.0	$0.49^{3}6833$	$0.49^{3}6964$	$0.49^{3}7090$	$0.49^{3}7211$	$0.49^{3}7327$

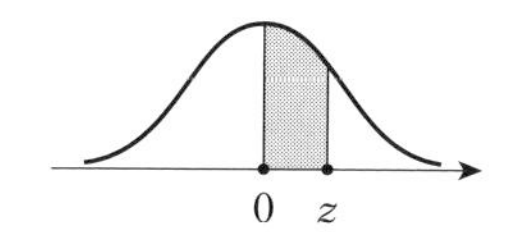

0.05	0.06	0.07	0.08	0.09
0.0199	0.0239	0.0279	0.0319	0.0359
0.0596	0.0636	0.0675	0.0714	0.0753
0.0987	0.1026	0.1064	0.1103	0.1141
0.1368	0.1406	0.1443	0.1480	0.1517
0.1736	0.1772	0.1808	0.1844	0.1879
0.2088	0.2123	0.2157	0.2190	0.2224
0.2422	0.2454	0.2486	0.2517	0.2549
0.2734	0.2764	0.2794	0.2823	0.2852
0.3023	0.3051	0.3078	0.3106	0.3133
0.3289	0.3315	0.3340	0.3365	0.3389
0.3531	0.3554	0.3577	0.3599	0.3621
0.3749	0.3770	0.3790	0.3810	0.3830
0.3944	0.3962	0.3980	0.3997	0.40147
0.41149	0.41309	0.41466	0.41621	0.41774
0.42647	0.42785	0.42922	0.43056	0.43189
0.43943	0.44062	0.44179	0.44295	0.44408
0.45053	0.45154	0.45254	0.45352	0.45449
0.45994	0.46080	0.46164	0.46246	0.46327
0.46784	0.46856	0.46926	0.46995	0.47062
0.47441	0.47500	0.47558	0.47615	0.47670
0.47982	0.48030	0.48077	0.48124	0.48169
0.48422	0.48461	0.48500	0.48537	0.48574
0.48778	0.48809	0.48840	0.48870	0.48899
0.490613	0.490863	0.491106	0.491344	0.491576
0.492857	0.493053	0.493244	0.493431	0.493613
0.494614	0.494766	0.494915	0.495060	0.495201
0.495975	0.496093	0.496207	0.496319	0.496427
0.497020	0.497110	0.497197	0.497282	0.497365
0.497814	0.497882	0.497948	0.498012	0.498074
0.498411	0.498462	0.498511	0.498559	0.498605
0.498856	0.498893	0.498930	0.498965	0.498999
$0.49^{2}1836$	$0.49^{2}2112$	$0.49^{2}2378$	$0.49^{2}2636$	$0.49^{2}2886$
$0.49^{2}4230$	$0.49^{2}4429$	$0.49^{2}4623$	$0.49^{2}4810$	$0.49^{2}4991$
$0.49^{2}5959$	$0.49^{2}6103$	$0.49^{2}6242$	$0.49^{2}6376$	$0.49^{2}6505$
$0.49^{2}7197$	$0.49^{2}7299$	$0.49^{2}7398$	$0.49^{2}7493$	$0.49^{2}7585$
$0.49^{2}8074$	$0.49^{2}8146$	$0.49^{2}8215$	$0.49^{2}8282$	$0.49^{2}8347$
$0.49^{3}7439$	$0.49^{3}7546$	$0.49^{3}7649$	$0.49^{3}7748$	$0.49^{3}7843$

11.3 自由度 m のカイ２乗分布の数表

カイ２乗分布は，独立性の検定や適合度検定のときに利用します．

カイ２乗分布の定義

確率変数 X の確率密度関数 $f(x)$ が

$$f(x)=\frac{1}{2^{\frac{n}{2}}\Gamma\left(\frac{n}{2}\right)}x^{\frac{n}{2}-1}e^{-\frac{x}{2}}\qquad (0<x<+\infty)$$

で表される確率分布を，**自由度 n のカイ２乗分布**という．

カイ２乗分布の平均は n，分散は $2n$ となる．

■自由度 m のカイ２乗分布のグラフ

カイ２乗分布のグラフは，自由度 m によって変化します．

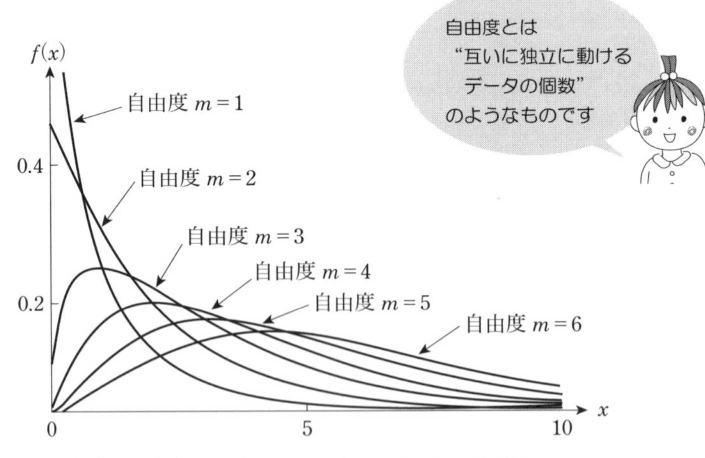

図 11.3.1　自由度 m のカイ２乗分布のグラフ

自由度 m が大きくなると
正規分布の形になります

■カイ２乗分布のパーセント点

カイ２乗分布の α パーセント点 $\chi^2(m\,;\,\alpha)$ は次のようになります.

【自由度 m が５の場合】

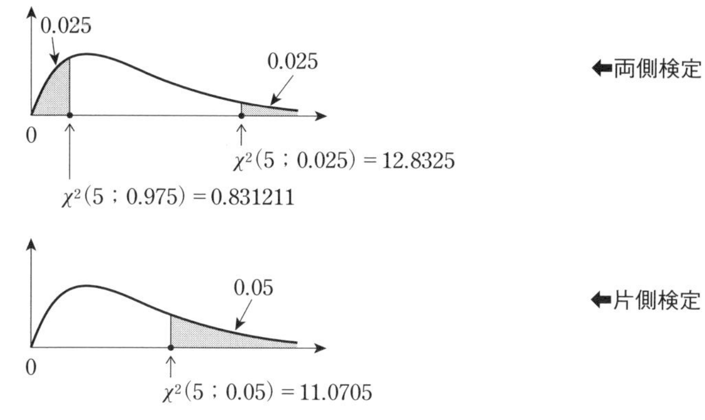

図 11.3.2　自由度５の α パーセント点 $\chi^2(5\,;\,\alpha)$

【自由度 m が６の場合】

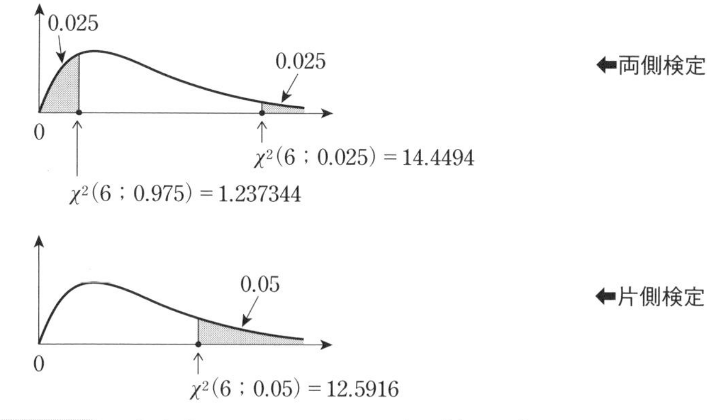

図 11.3.3　自由度６の α パーセント点 $\chi^2(6\,;\,\alpha)$

■カイ２乗分布の確率の求め方

例えば

$$\chi^2(5\,;\,0.05)=11.0705$$

のときは，次のように……

$\alpha=0.05$ ↓

m \ α	0.975	0.950	0.050	0.025
1	982069×10^{-9}	393214×10^{-8}	3.84146	5.02389
2	0.0506356	0.102587	5.99146	7.37776
3	0.215795	0.351846	7.81473	9.34840
4	0.484419	0.710723	9.48773	11.1433
$m=5$ → 5	0.831212	1.145476	11.0705	12.8325
6	1.237344	1.63538	12.5916	14.4494
7	1.68987	2.16735	14.0671	16.0128
8	2.17973	2.73264	15.5073	17.5345
9	2.70039	3.32511	16.9190	19.0228

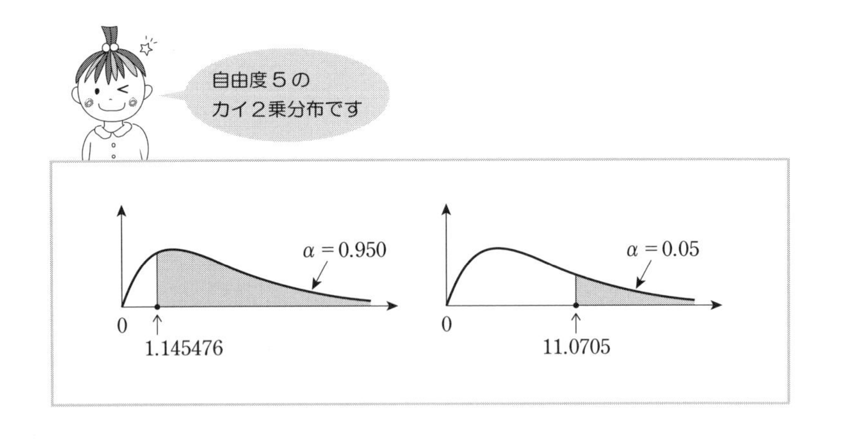

自由度 m のカイ２乗分布のパーセント点

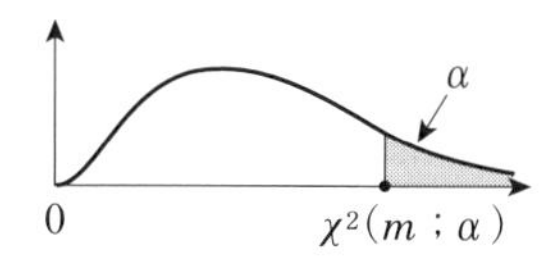

m \ α	0.975	0.950	0.050	0.025
1	982069×10^{-9}	393214×10^{-8}	3.84146	5.02389
2	0.0506356	0.102587	5.99146	7.37776
3	0.215795	0.351846	7.81473	9.34840
4	0.484419	0.710723	9.48773	11.1433
5	0.831212	1.145476	11.0705	12.8325
6	1.237344	1.63538	12.5916	14.4494
7	1.68987	2.16735	14.0671	16.0128
8	2.17973	2.73264	15.5073	17.5345
9	2.70039	3.32511	16.9190	19.0228
10	3.24697	3.94030	18.3070	20.4832
11	3.81575	4.57481	19.6751	21.9200
12	4.40379	5.22603	21.0261	23.3367
13	5.00875	5.89186	22.3620	24.7356
14	5.62873	6.57063	23.6848	26.1189
15	6.26214	7.26094	24.9958	27.4884
16	6.90766	7.96165	26.2962	28.8454
17	7.56419	8.67176	27.5871	30.1910
18	8.23075	9.39046	28.8693	31.5264
19	8.90652	10.1170	30.1435	32.8523
20	9.59078	10.8508	31.4104	34.1696
21	10.28290	11.5913	32.6706	35.4789
22	10.9823	12.3380	33.9244	36.7807
23	11.6886	13.0905	35.1725	38.0756
24	12.4012	13.8484	36.4150	39.3641
25	13.1197	14.6114	37.6525	40.6465
26	13.8439	15.3792	38.8851	41.9232
27	14.5734	16.1514	40.1133	43.1945
28	15.3079	16.9279	41.3371	44.4608
29	16.0471	17.7084	42.5570	45.7223
30	16.7908	18.4927	43.7730	46.9792
40	24.4330	26.5093	55.7585	59.3417
50	32.3574	34.7643	67.5048	71.4202
60	40.4817	43.1880	79.0819	83.2977
70	48.7576	51.7393	90.5312	95.0232
80	57.1532	60.3915	101.879	106.629
90	65.6466	69.1260	113.145	118.136
100	74.2219	77.9295	124.342	129.561

解説

11.4 自由度 m の t 分布の数表

t 分布は，母平均の推定や検定のときに利用します．

t 分布の定義

確率変数 X の確率密度関数 $f(x)$ が

$$f(x)=\frac{\Gamma\left(\frac{n+1}{2}\right)}{\sqrt{n\pi}\,\Gamma\left(\frac{n}{2}\right)\left(1+\frac{x^2}{n}\right)^{\frac{n+1}{2}}}\qquad(-\infty<x<\infty)$$

で表される確率分布を，**自由度 n の t 分布**という．

t 分布の平均は 0，分散は $\frac{n}{n-2}$ $(n\geqq 2)$ となる．

■自由度 m の t 分布のグラフ

t 分布のグラフは，自由度 m によって変化します．

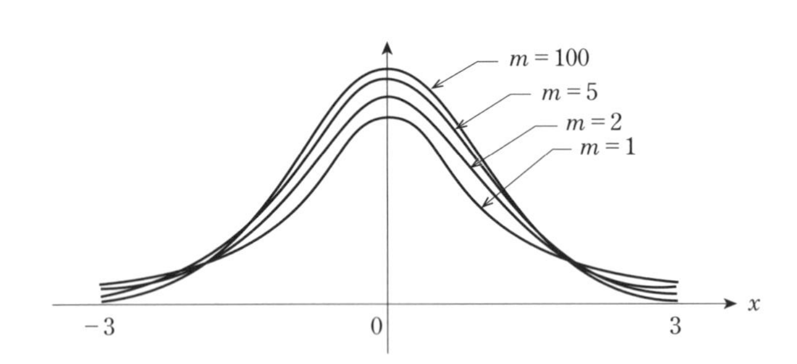

図 11.4.1　自由度 m の t 分布のグラフ

自由度 m が大きくなると
山が盛り上がり
幅が狭くなって……

標準正規分布に
近づきます

■**自由度 m の t 分布のパーセント点**

t 分布の α パーセント点 $t(m\,;\,\alpha)$ は，次のようになります．

【自由度 m が 5 の場合】

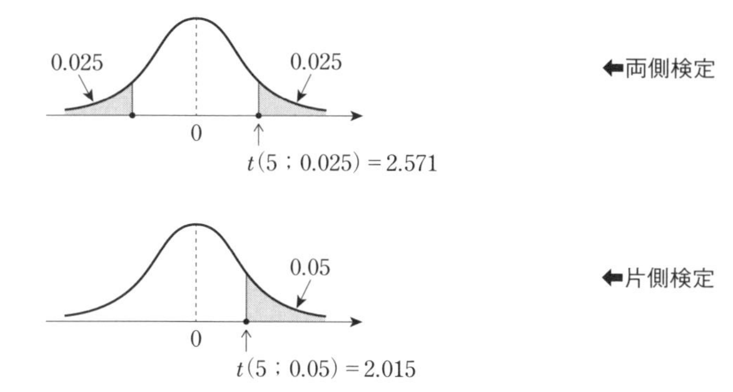

図 11.4.2　自由度 5 の α パーセント点 $t(5\,;\,\alpha)$

【自由度 m が 10 の場合】

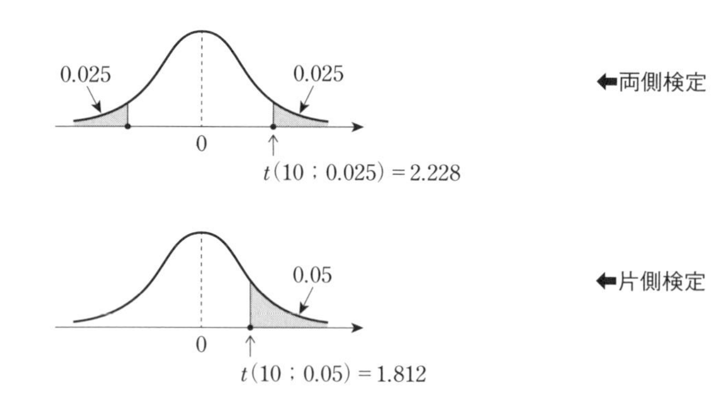

図 11.4.3　自由度 10 の α パーセント点 $t(10\,;\,\alpha)$

■ t 分布の確率の求め方

例えば,

$$t(5\,;\,0.025) = 2.571$$

のときは，次のように……

$\alpha = 0.025$ ↓

m \ α	0.1	0.05	0.025	0.01
1	3.078	6.314	12.706	31.821
2	1.886	2.920	4.303	6.965
3	1.638	2.353	3.182	4.541
4	1.533	2.132	2.776	3.747
$m=5$ → 5	1.476	2.015	2.571	3.365
6	1.440	1.943	2.447	3.143
7	1.415	1.895	2.365	2.998
8	1.397	1.860	2.306	2.896
9	1.383	1.833	2.262	2.821

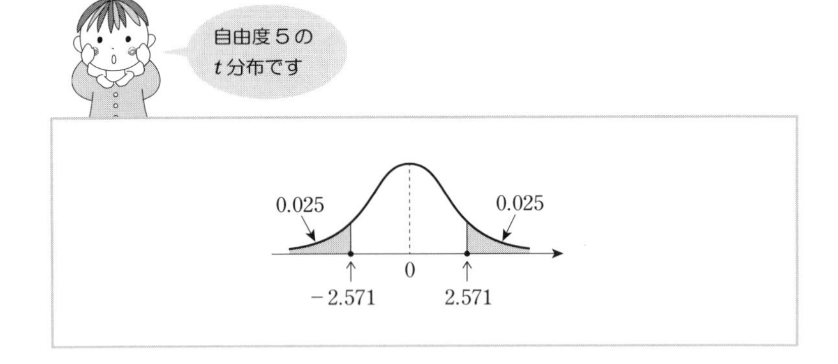

自由度 m の t 分布のパーセント点

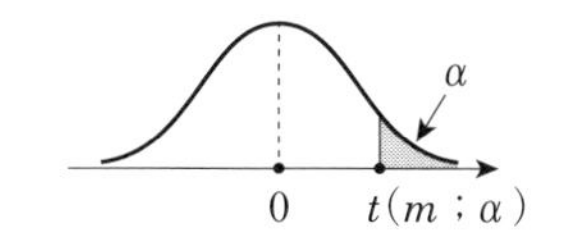

m \ α	0.1	0.05	0.025	0.01
1	3.078	6.314	12.706	31.821
2	1.886	2.920	4.303	6.965
3	1.638	2.353	3.182	4.541
4	1.533	2.132	2.776	3.747
5	1.476	2.015	2.571	3.365
6	1.440	1.943	2.447	3.143
7	1.415	1.895	2.365	2.998
8	1.397	1.860	2.306	2.896
9	1.383	1.833	2.262	2.821
10	1.372	1.812	2.228	2.764
11	1.363	1.796	2.201	2.718
12	1.356	1.782	2.179	2.681
13	1.350	1.771	2.160	2.650
14	1.345	1.761	2.145	2.624
15	1.341	1.753	2.131	2.602
16	1.337	1.746	2.120	2.583
17	1.333	1.740	2.110	2.567
18	1.330	1.734	2.101	2.552
19	1.328	1.729	2.093	2.539
20	1.325	1.725	2.086	2.528
21	1.323	1.721	2.080	2.518
22	1.321	1.717	2.074	2.508
23	1.319	1.714	2.069	2.500
24	1.318	1.711	2.064	2.492
25	1.316	1.708	2.060	2.485
26	1.315	1.706	2.056	2.479
27	1.314	1.703	2.052	2.473
28	1.313	1.701	2.048	2.467
29	1.311	1.699	2.045	2.462
30	1.310	1.697	2.042	2.457
40	1.303	1.684	2.021	2.423
60	1.296	1.671	2.000	2.390
120	1.289	1.658	1.980	2.358
∞	1.282	1.645	1.960	2.326

11.5 自由度（m, n）の F 分布の数表

F 分布は，分散分析表や等分散性の検定のときに利用します．

F 分布の定義

確率変数 X の確率密度関数 $f(x)$ が

$$f(x)=\frac{\Gamma\left(\frac{n_1+n_2}{2}\right)\left(\frac{n_1}{n_2}\right)^{\frac{n_1}{2}}x^{\frac{n_1}{2}-1}}{\Gamma\left(\frac{n_1}{2}\right)\Gamma\left(\frac{n_2}{2}\right)\left(1+\frac{n_1}{n_2}x\right)^{\frac{n_1+n_2}{2}}} \qquad (0<x<+\infty)$$

で表される確率分布を，**自由度**（n_1, n_2）**の F 分布**という．

F 分布の平均は $\frac{n_2}{n_2-2}$，分散は $\frac{2(n_1+n_2-2)n_2{}^2}{n_1(n_2-2)^2(n_2-4)}$ となる．

■自由度（m, n）の F 分布のグラフ

F 分布のグラフは，自由度（m, n）によって異なります．

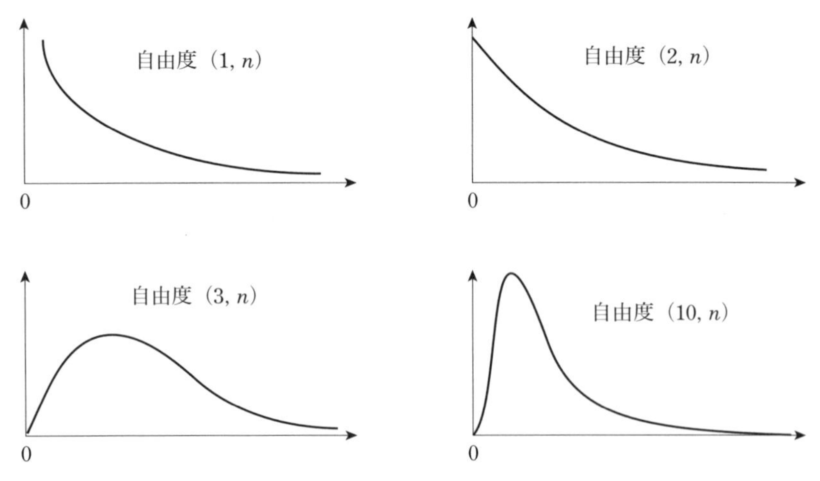

図 11.5.1　自由度（m, n）の F 分布のグラフ

■自由度（m, n）の F 分布のパーセント点

F 分布の α パーセント点 $F(m, n\,;\alpha)$ は，次のようになります.

【自由度 $m=4$, $n=6$ の場合】

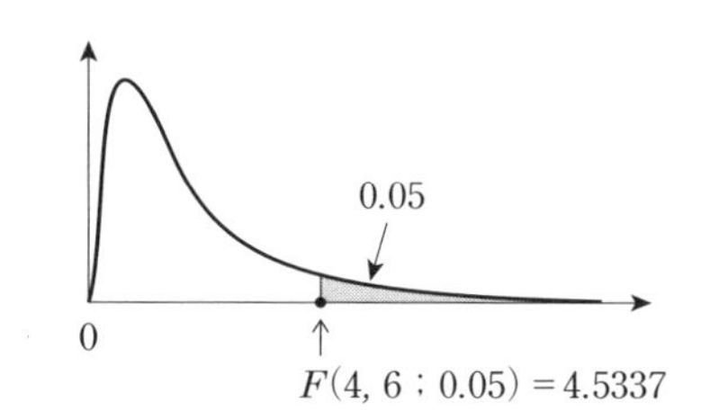

図 11.5.2　自由度（4, 6）の F 分布の 5 %点

■ F 分布についての等式

(1)　$$F(n, m\,;1-\alpha)=\frac{1}{F(m, n\,;\alpha)}$$

$$F(6, 4\,;0.95)=0.221$$
$$=\frac{1}{4.534}=\frac{1}{F(4, 6\,;0.05)}$$

(2)　$$F(1, n\,;\alpha)=\left\{t\left(n\,;\frac{\alpha}{2}\right)\right\}^2$$

$$F(1, 5\,;0.05)=6.608$$
$$=2.571^2=\{t(5\,;0.025)\}^2$$

自由度 m, n の F 分布のパーセント点——$\alpha = 0.05$ のとき

$\alpha = 0.05$

n \ m	1	2	3	4	5	6
1	161.45	199.50	215.71	224.58	230.16	233.99
2	18.513	19.000	19.164	19.247	19.296	19.330
3	10.128	9.5521	9.2766	9.1172	9.0135	8.9406
4	7.7086	6.9443	6.5914	6.3882	6.2561	6.1631
5	6.6079	5.7861	5.4095	5.1922	5.0503	4.9503
6	5.9874	5.1433	4.7571	4.5337	4.3874	4.2839
7	5.5914	4.7374	4.3468	4.1203	3.9715	3.8660
8	5.3177	4.4590	4.0662	3.8379	3.6875	3.5806
9	5.1174	4.2565	3.8625	3.6331	3.4817	3.3738
10	4.9646	4.1028	3.7083	3.4780	3.3258	3.2172
11	4.8443	3.9823	3.5874	3.3567	3.2039	3.0946
12	4.7472	3.8853	3.4903	3.2592	3.1059	2.9961
13	4.6672	3.8056	3.4105	3.1791	3.0254	2.9153
14	4.6001	3.7389	3.3439	3.1122	2.9582	2.8477
15	4.5431	3.6823	3.2874	3.0556	2.9013	2.7905
16	4.4940	3.6337	3.2389	3.0069	2.8524	2.7413
17	4.4513	3.5915	3.1968	2.9647	2.8100	2.6987
18	4.4139	3.5546	3.1599	2.9277	2.7729	2.6613
19	4.3807	3.5219	3.1274	2.8951	2.7401	2.6283
20	4.3512	3.4928	3.0984	2.8661	2.7109	2.5990
21	4.3248	3.4668	3.0725	2.8401	2.6848	2.5727
22	4.3009	3.4434	3.0491	2.8167	2.6613	2.5491
23	4.2793	3.4221	3.0280	2.7955	2.6400	2.5277
24	4.2597	3.4028	3.0088	2.7763	2.6207	2.5082
25	4.2417	3.3852	2.9912	2.7587	2.6030	2.4904
26	4.2252	3.3690	2.9752	2.7426	2.5868	2.4741
27	4.2100	3.3541	2.9604	2.7278	2.5719	2.4591
28	4.1960	3.3404	2.9467	2.7141	2.5581	2.4453
29	4.1830	3.3277	2.9340	2.7014	2.5454	2.4324
30	4.1709	3.3158	2.9223	2.6896	2.5336	2.4205
40	4.0847	3.2317	2.8387	2.6060	2.4495	2.3359
60	4.0012	3.1504	2.7581	2.5252	2.3683	2.2541
120	3.9201	3.0718	2.6802	2.4472	2.2899	2.1750
∞	3.8415	2.9957	2.6049	2.3719	2.2141	2.0986

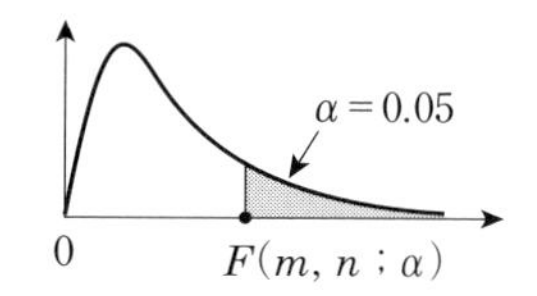

$\alpha = 0.05$

7	8	9	10	12	15	20
236.77	238.88	240.54	241.88	243.91	245.95	248.01
19.353	19.371	19.385	19.396	19.413	19.429	19.446
8.8867	8.8452	8.8123	8.7855	8.7446	8.7029	8.6602
6.0942	6.0410	5.9988	5.9644	5.9117	5.8578	5.8025
4.8759	4.8183	4.7725	4.7351	4.6777	4.6188	4.5581
4.2067	4.1468	4.0990	4.0600	3.9999	3.9381	3.8742
3.7870	3.7257	3.6767	3.6365	3.5747	3.5107	3.4445
3.5005	3.4381	3.3881	3.3472	3.2839	3.2184	3.1503
3.2927	3.2296	3.1789	3.1373	3.0729	3.0061	2.9365
3.1355	3.0717	3.0204	2.9782	2.9130	2.8450	2.7740
3.0123	2.9480	2.8962	2.8536	2.7876	2.7186	2.6464
2.9134	2.8486	2.7964	2.7534	2.6866	2.6169	2.5436
2.8321	2.7669	2.7144	2.6710	2.6037	2.5331	2.4589
2.7642	2.6987	2.6458	2.6022	2.5342	2.4630	2.3879
2.7066	2.6408	2.5876	2.5437	2.4753	2.4034	2.3275
2.6572	2.5911	2.5377	2.4935	2.4247	2.3522	2.2756
2.6143	2.5480	2.4943	2.4499	2.3807	2.3077	2.2304
2.5767	2.5102	2.4563	2.4117	2.3421	2.2686	2.1906
2.5435	2.4768	2.4227	2.3779	2.3080	2.2341	2.1555
2.5140	2.4471	2.3928	2.3479	2.2776	2.2033	2.1242
2.4876	2.4205	2.3660	2.3210	2.2504	2.1757	2.0960
2.4638	2.3965	2.3419	2.2967	2.2258	2.1508	2.0707
2.4422	2.3748	2.3201	2.2747	2.2036	2.1282	2.0476
2.4226	2.3551	2.3002	2.2547	2.1834	2.1077	2.0267
2.4047	2.3371	2.2821	2.2365	2.1649	2.0889	2.0075
2.3883	2.3205	2.2655	2.2197	2.1479	2.0716	1.9898
2.3732	2.3053	2.2501	2.2043	2.1323	2.0558	1.9736
2.3593	2.2913	2.2360	2.1900	2.1179	2.0411	1.9586
2.3463	2.2783	2.2229	2.1768	2.1045	2.0275	1.9446
2.3343	2.2662	2.2107	2.1646	2.0921	2.0148	1.9317
2.2490	2.1802	2.1240	2.0772	2.0035	1.9245	1.8389
2.1665	2.0970	2.0401	1.9926	1.9174	1.8364	1.7480
2.0868	2.0164	1.9588	1.9105	1.8337	1.7505	1.6587
2.0096	1.9384	1.8799	1.8307	1.7522	1.6664	1.5705

自由度 m, n の F 分布のパーセント点――$\alpha = 0.025$ のとき

$\alpha = 0.025$

n \ m	1	2	3	4	5	6
1	647.79	799.50	864.16	899.58	921.85	937.11
2	38.506	39.000	39.165	39.248	39.298	39.331
3	17.443	16.044	15.439	15.101	14.885	14.735
4	12.218	10.649	9.9792	9.6045	9.3645	9.1973
5	10.007	8.4336	7.7636	7.3879	7.1464	6.9777
6	8.8131	7.2599	6.5988	6.2272	5.9876	5.8198
7	8.0727	6.5415	5.8898	5.5226	5.2852	5.1186
8	7.5709	6.0595	5.4160	5.0526	4.8173	4.6517
9	7.2093	5.7147	5.0781	4.7181	4.4844	4.3197
10	6.9367	5.4564	4.8256	4.4683	4.2361	4.0721
11	6.7241	5.2559	4.6300	4.2751	4.0440	3.8807
12	6.5538	5.0959	4.4742	4.1212	3.8911	3.7283
13	6.4143	4.9653	4.3472	3.9959	3.7667	3.6043
14	6.2979	4.8567	4.2417	3.8919	3.6634	3.5014
15	6.1995	4.7650	4.1528	3.8043	3.5764	3.4147
16	6.1151	4.6867	4.0768	3.7294	3.5021	3.3406
17	6.0420	4.6189	4.0112	3.6648	3.4379	3.2767
18	5.9781	4.5597	3.9539	3.6083	3.3820	3.2209
19	5.9216	4.5075	3.9034	3.5587	3.3327	3.1718
20	5.8715	4.4613	3.8587	3.5147	3.2891	3.1283
21	5.8266	4.4199	3.8188	3.4754	3.2501	3.0895
22	5.7863	4.3828	3.7829	3.4401	3.2151	3.0546
23	5.7498	4.3492	3.7505	3.4083	3.1835	3.0232
24	5.7166	4.3187	3.7211	3.3794	3.1548	2.9946
25	5.6864	4.2909	3.6943	3.3530	3.1287	2.9685
26	5.6586	4.2655	3.6697	3.3289	3.1048	2.9447
27	5.6331	4.2421	3.6472	3.3067	3.0828	2.9228
28	5.6096	4.2205	3.6264	3.2863	3.0626	2.9027
29	5.5878	4.2006	3.6072	3.2674	3.0438	2.8840
30	5.5675	4.1821	3.5894	3.2499	3.0265	2.8667
40	5.4239	4.0510	3.4633	3.1261	2.9037	2.7444
60	5.2856	3.9253	3.3425	3.0077	2.7863	2.6274
120	5.1523	3.8046	3.2269	2.8943	2.6740	2.5154
∞	5.0239	3.6889	3.1161	2.7858	2.5665	2.4082

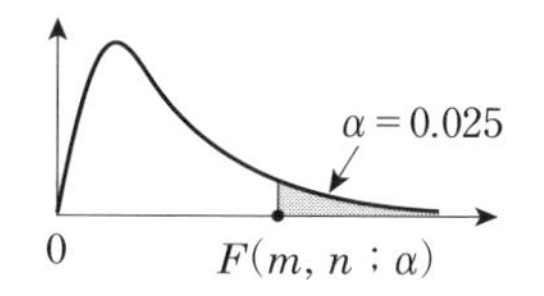

$\alpha = 0.025$

7	8	9	10	12	15	20
948.22	956.66	963.28	968.63	976.71	984.87	993.10
39.355	39.373	39.387	39.398	39.415	39.431	39.448
14.624	14.540	14.473	14.419	14.337	14.253	14.167
9.0741	8.9796	8.9047	8.8439	8.7512	8.6565	8.5599
6.8531	6.7572	6.6811	6.6192	6.5245	6.4277	6.3286
5.6955	5.5996	5.5234	5.4613	5.3662	5.2687	5.1684
4.9949	4.8993	4.8232	4.7611	4.6658	4.5678	4.4667
4.5286	4.4333	4.3572	4.2951	4.1997	4.1012	3.9995
4.1970	4.1020	4.0260	3.9639	3.8682	3.7694	3.6669
3.9498	3.8549	3.7790	3.7168	3.6209	3.5217	3.4185
3.7586	3.6638	3.5879	3.5257	3.4296	3.3299	3.2261
3.6065	3.5118	3.4358	3.3736	3.2773	3.1772	3.0728
3.4827	3.3880	3.3120	3.2497	3.1532	3.0527	2.9477
3.3799	3.2853	3.2093	3.1469	3.0502	2.9493	2.8437
3.2934	3.1987	3.1227	3.0602	2.9633	2.8621	2.7559
3.2194	3.1248	3.0488	2.9862	2.8890	2.7875	2.6808
3.1556	3.0610	2.9849	2.9222	2.8249	2.7230	2.6158
3.0999	3.0053	2.9291	2.8664	2.7689	2.6667	2.5590
3.0509	2.9563	2.8801	2.8172	2.7196	2.6171	2.5089
3.0074	2.9128	2.8365	2.7737	2.6758	2.5731	2.4645
2.9686	2.8740	2.7977	2.7348	2.6368	2.5338	2.4247
2.9338	2.8392	2.7628	2.6998	2.6017	2.4984	2.3890
2.9023	2.8077	2.7313	2.6682	2.5699	2.4665	2.3567
2.8738	2.7791	2.7027	2.6396	2.5411	2.4374	2.3273
2.8478	2.7531	2.6766	2.6135	2.5149	2.4110	2.3005
2.8240	2.7293	2.6528	2.5896	2.4908	2.3867	2.2759
2.8021	2.7074	2.6309	2.5676	2.4688	2.3644	2.2533
2.7820	2.6872	2.6106	2.5473	2.4484	2.3438	2.2324
2.7633	2.6686	2.5919	2.5286	2.4295	2.3248	2.2131
2.7460	2.6513	2.5746	2.5112	2.4120	2.3072	2.1952
2.6238	2.5289	2.4519	2.3882	2.2882	2.1819	2.0677
2.5068	2.4117	2.3344	2.2702	2.1692	2.0613	1.9445
2.3948	2.2994	2.2217	2.1570	2.0548	1.9450	1.8249
2.2875	2.1918	2.1136	2.0483	1.9447	1.8326	1.7085

11.6 ノンパラメトリック検定の数表

■ウィルコクスンの順位和検定の場合

棄却域と棄却限界は，次のようになります．

【両側検定】

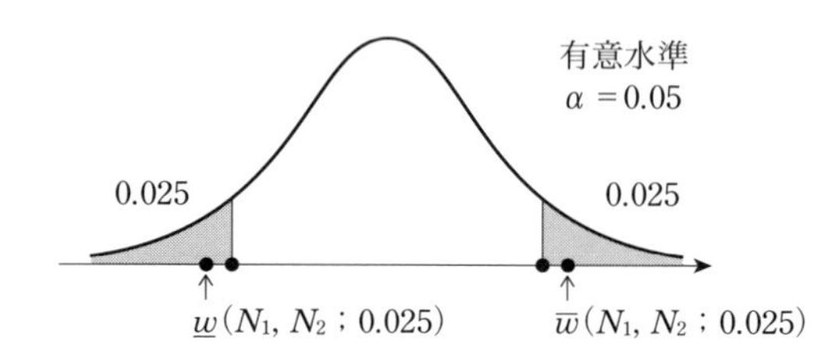

【片側検定】

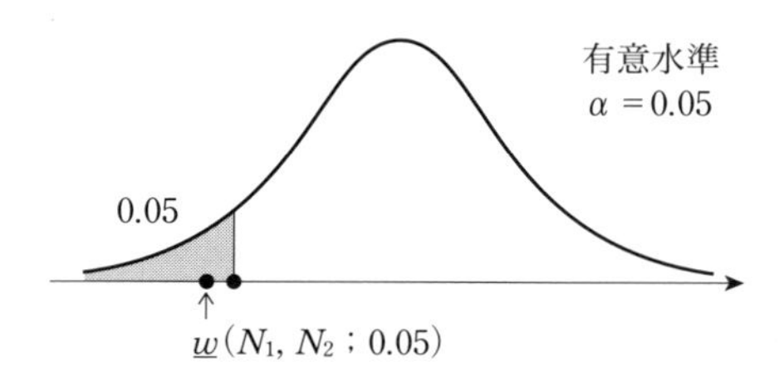

【片側検定】

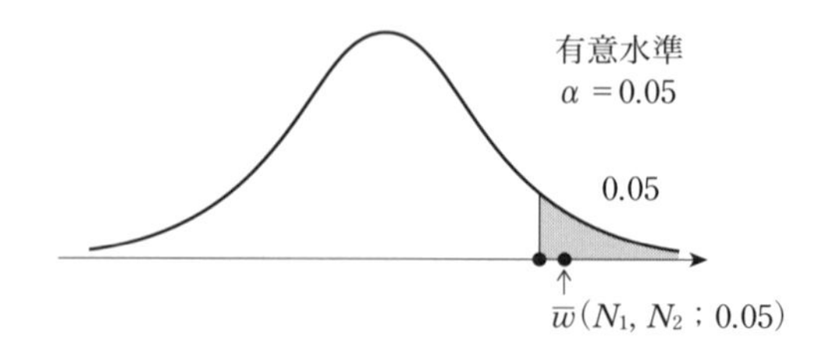

ウィルコクスンの順位和検定のパーセント点

N_1	N_2	$\alpha=0.05$	$\alpha=0.05$	$\alpha=0.025$	
		$\underline{w}$	$\overline{w}$	$\underline{w}$	$\overline{w}$
3	4	6	18		
	5	7	20	6	21
	6	8	22	7	23
	7	8	25	7	26
	8	9	27	8	28
	9	10	29	8	31
	10	10	32	9	33
4	4	11	25	10	26
	5	12	28	11	29
	6	13	31	12	32
	7	14	34	13	35
	8	15	37	14	38
	9	16	40	14	42
	10	17	43	15	45
5	5	19	36	17	38
	6	20	40	18	42
	7	21	44	20	45
	8	23	47	21	49
	9	24	51	22	53
	10	26	54	23	57
6	6	28	50	26	52
	7	29	55	27	57
	8	31	59	29	61
	9	33	63	31	65
	10	35	67	32	70
7	7	39	66	36	69
	8	41	71	38	74
	9	43	76	40	79
	10	45	81	42	84
8	8	51	85	49	87
	9	54	90	51	93
	10	56	96	53	99
9	9	66	105	62	109
	10	69	111	65	115
10	10	82	128	78	132

■符号検定の場合

棄却域と棄却限界は，次のようになります.

【両側検定】

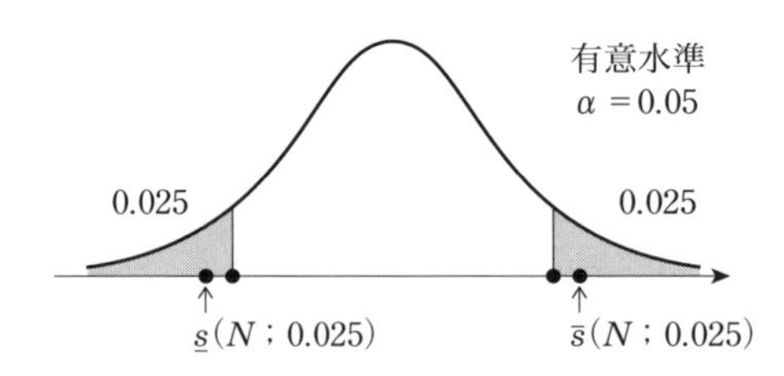

符号検定のパーセント点

N	$\underline{s}(N;0.025)$	$\bar{s}(N;0.025)$
6	0	6
7	0	7
8	0	8
9	1	8
10	1	9
11	1	10
12	2	10
13	2	11
14	2	12
15	3	12
16	3	13
17	4	13
18	4	14
19	4	15
20	5	15
21	5	16
22	5	17
23	6	17
24	6	18
25	7	18
26	7	19
27	7	20
28	8	20
29	8	21
30	9	21

■ウィルコクスンの符号付順位検定の場合

棄却域と棄却限界は，次のようになります．

【両側検定】

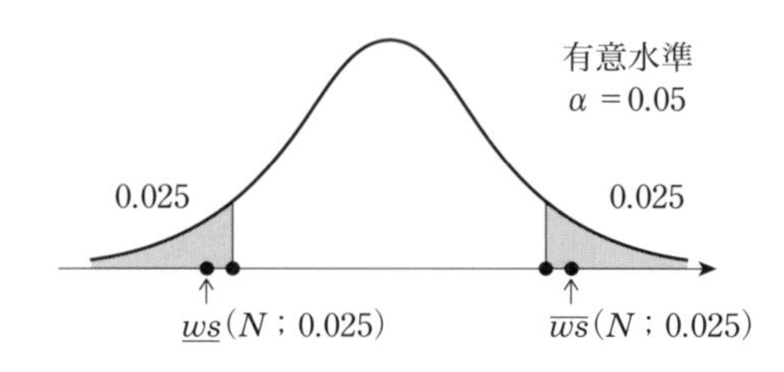

【片側検定】

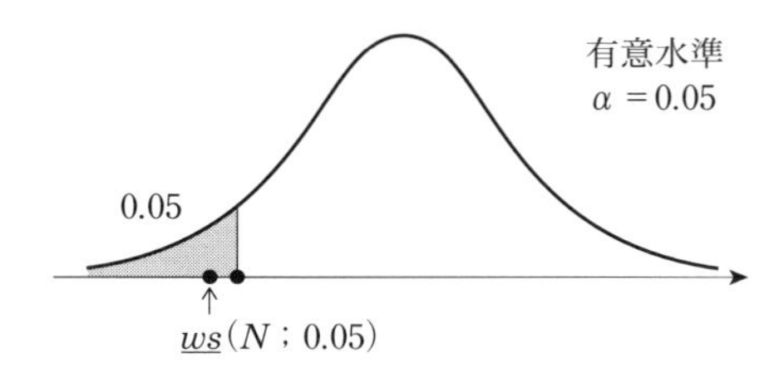

【片側検定】

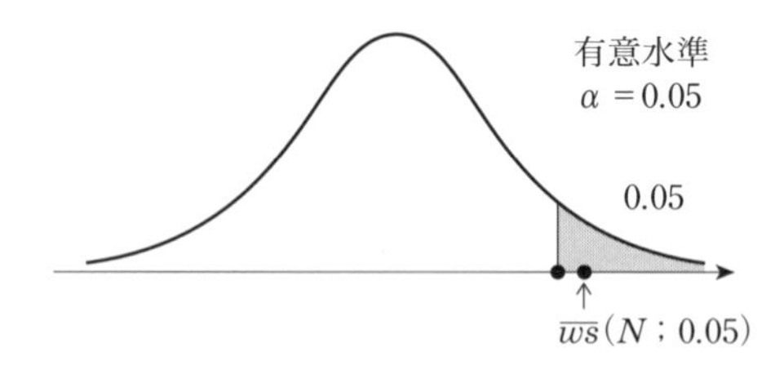

ウィルコクスンの符号付順位検定のパーセント点

N \ α	0.025		0.05	
	$\underline{ws}(N;\alpha)$	$\overline{ws}(N;\alpha)$	$\underline{ws}(N;\alpha)$	$\overline{ws}(N;\alpha)$
5			0	15
6	0	21	2	19
7	2	26	3	25
8	3	33	5	31
9	5	40	8	37
10	8	47	10	45
11	10	56	13	53
12	13	65	17	61
13	17	74	21	70
14	21	84	25	80
15	25	95	30	90
16	29	107	35	101
17	34	119	41	112
18	40	131	47	124
19	46	144	53	137
20	52	158	60	150
21	58	173	67	164
22	65	188	75	178
23	73	203	83	193
24	81	219	91	209
25	89	236	100	225
26	98	253	110	241
27	107	271	119	259
28	116	290	130	276
29	126	309	140	295
30	137	328	151	314

■グラブスの棄却検定の場合

棄却域と棄却限界は，次のようになります．

【$\alpha = 0.05$ の場合】

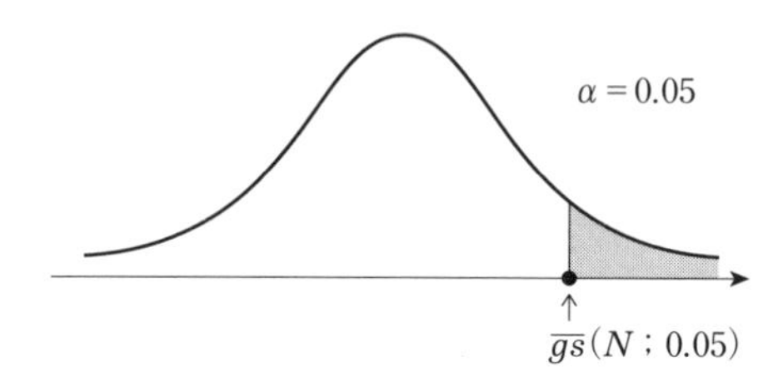

【$\alpha = 0.025$ の場合】

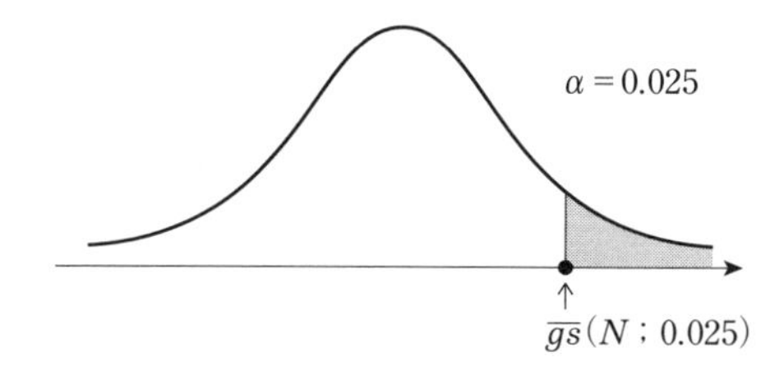

グラブスの棄却検定

N \ α	0.05	0.025
6	1.822	1.887
7	1.938	2.020
8	2.032	2.127
9	2.110	2.215
10	2.176	2.290
11	2.234	2.355
12	2.285	2.412
13	2.331	2.462
14	2.372	2.507
15	2.409	2.548
16	2.443	2.586
17	2.475	2.620
18	2.504	2.652
19	2.531	2.681
20	2.557	2.708
21	2.580	2.734
22	2.603	2.758
23	2.624	2.780
24	2.644	2.802
25	2.663	2.822
26	2.681	2.841
27	2.698	2.859
28	2.714	2.876
29	2.730	2.893
30	2.745	2.908

N \ α	0.05	0.025
31	2.759	2.923
32	2.773	2.938
33	2.786	2.952
34	2.799	2.965
35	2.811	2.978
36	2.823	2.990
37	2.834	3.002
38	2.845	3.014
39	2.856	3.025
40	2.867	3.036
41	2.877	3.046
42	2.886	3.056
43	2.896	3.066
44	2.905	3.076
45	2.914	3.085
46	2.923	3.094
47	2.931	3.103
48	2.940	3.111
49	2.948	3.120
50	2.956	3.128

改訂版

すぐわかる統計解析

【演習の解答】

度数分布表の作り方 【p.7】

手順 1　最小値＝ 53 ，最大値＝ 186 なので

$$範囲\ R = \boxed{186} - \boxed{53} = \boxed{133}$$

手順 2　データの個数は $N = \boxed{100}$ なので，スタージェスの公式を使うと

$$n \fallingdotseq 1 + \frac{\log \boxed{100}}{\log 2} = \boxed{7.644}$$

なので，$n = \boxed{8}$ としよう．このとき

$$\frac{R}{n} = \frac{\boxed{133}}{\boxed{8}} = \boxed{16.625}$$

なので，階級の幅は 20 に決めよう．

手順 3　階級を求めよう．最小値は 53 なので，$a_0 = \boxed{40}$ にしよう．

$$a_0 = \boxed{40}$$

$$a_1 = \boxed{40} + \boxed{20} = \boxed{60}$$

$$a_2 = \boxed{60} + \boxed{20} = \boxed{80}$$

$$\vdots$$

$$a_8 = \boxed{180} + \boxed{20} = \boxed{200}$$

手順 4　それぞれの階級に属するデータの個数を求めよう．

階　級	度数	相対度数	累積度数	累積相対度数
40〜60	3	0.03%	3	0.03%
60〜80	4	0.04%	7	0.07%
80〜100	16	0.16%	23	0.23%
100〜120	33	0.33%	56	0.56%
120〜140	24	0.24%	80	0.8 %
140〜160	12	0.12%	92	0.92%
160〜180	6	0.06%	98	0.98%
180〜200	2	0.02%	100	1.00%

平均値・中央値・最頻値の求め方 【p.17】

手順 **1**　度数分布表のデータから，次の統計量を計算しよう．

階級値 m	度数 f	$m \times f$
35	6	210
45	8	360
55	15	825
65	5	325
75	3	225
85	2	170
95	1	95
合計	40	2210

手順 **2**　平均値・中央値・最頻値を求めよう．

平均値 $\bar{x} = \dfrac{\boxed{2210}}{\boxed{40}} = \boxed{55.25}$

中央値 $Me = \boxed{56}$

最頻値 $Mo = \boxed{55}$

分散・標準偏差の求め方 【p.25】

手順 1　度数分布表のデータから，次の統計量を計算しよう．

階級値 m	度数 f	$m \times f$	$m^2 \times f$
35	6	210	7350
45	8	360	16200
55	15	825	45375
65	5	325	21125
75	3	225	16875
85	2	170	14450
95	1	95	9025
合計	40	2210	130400

手順 2　分散・標準偏差を求めよう．

$$\text{分散 } s^2 = \frac{\boxed{40} \times \boxed{130400} - \boxed{2210}^2}{\boxed{40} \times (\boxed{40} - 1)} = \boxed{212.756}$$

$$\text{標準偏差 } s = \sqrt{\boxed{212.756}} = \boxed{14.586}$$

相関係数の求め方

【p.37】

手順 1　データから，次の統計量を計算しよう．

No.	海水温 x	活動時間 y	x^2	y^2	$x \times y$
1	30.4	5.7	924.16	32.49	173.28
2	27.2	6.7	739.84	44.89	182.24
3	30.9	7.6	954.81	57.76	234.84
4	22.5	7.7	506.25	59.29	173.25
5	19.0	6.9	361	47.61	131.1
6	16.4	4.6	268.96	21.16	75.44
7	12.1	3.6	146.41	12.96	43.56
8	12.7	6.4	161.29	40.96	81.28
9	13.7	7.5	187.69	56.25	102.75
10	23.6	6.4	556.96	40.96	151.04
合計	208.5	63.1	4807.37	414.33	1348.78

手順 2　相関係数 r を求めよう．

$$r = \frac{\boxed{10} \times \boxed{1348.78} - \boxed{208.5} \times \boxed{63.1}}{\sqrt{\{\boxed{10} \times \boxed{4807.37} - \boxed{208.5}^2\} \times \{\boxed{10} \times \boxed{414.33} - \boxed{63.1}^2\}}}$$

$$= \boxed{0.384}$$

スピアマンの順位相関係数の求め方 【p.45】

手順 1　データの順位から，次の統計量を計算しよう．

国	時間 a	所得 b	$a-b$	$(a-b)^2$
1	7	7	0	0
2	3	9	−6	36
3	4	5	−1	1
4	1	8	−7	49
5	2	6	−4	16
6	5	4	1	1
7	6	3	3	9
8	8	1	7	49
9	9	2	7	49
合　計				210

手順 2　スピアマンの順位相関係数 r_s を求めよう．

$$r_s = 1 - \frac{6 \times \boxed{210}}{\boxed{9} \times (\boxed{9}^2 - 1)}$$

$$= \boxed{-0.750}$$

無相関の検定 【p.51】

手順 1　仮説と対立仮説をたてよう.

仮説　　　H_0：加速時間と燃費の間に相関がない

対立仮説 H_1：加速時間と燃費の間に相関がある

手順 2　標本データから，次の統計量を計算しよう.

No.	加速時間 x	燃費 y	x^2	y^2	$x \times y$
1	14.7	6.3	216.09	39.69	92.61
2	15.8	7.1	249.64	50.41	112.18
3	16.2	5.6	262.44	31.36	90.72
4	16.8	6.7	282.24	44.89	112.56
5	17.0	9.1	289.00	82.81	154.70
6	16.8	9.0	282.24	81.00	151.20
7	15.4	5.0	237.16	25.00	77.00
8	17.4	6.3	302.76	39.69	109.62
合計	130.1	55.1	2121.57	394.85	900.59

手順 3　相関係数 r と検定統計量 $T(r)$ を求めよう.

$$r = \frac{\boxed{8} \times \boxed{900.59} - \boxed{130.1} \times \boxed{55.1}}{\sqrt{\{\boxed{8} \times \boxed{2121.57} - \boxed{130.1}^2\} \times \{\boxed{8} \times \boxed{394.85} - \boxed{55.1}^2\}}} = \boxed{0.479}$$

$$T(r) = \frac{\boxed{0.479} \times \sqrt{\boxed{8} - 2}}{\sqrt{1 - \boxed{0.479}^2}} = \boxed{1.336}$$

手順 4　有意水準を $\alpha = 0.05$ とすると

$$|T(r)| = \boxed{1.336} \overset{\text{不等号}}{\boxed{<}} t(N-2\,;\,0.025) = \boxed{2.447}$$

なので，仮説 H_0 は 棄てられない .

したがって，加速時間と燃費の間に相関があるとはいえない.

正規確率紙の描き方 【p.59】

手順 1　データを大きさの順に並べ，$\dfrac{2i-1}{2N}\times 100$ を計算しよう．

体重	2520	2530	2550	2640	2790	2840	2920	3020	3050	3260
$\dfrac{2\times i-1}{2N}\times 100$	2.5	7.5	12.5	17.5	22.5	27.5	32.5	37.5	42.5	47.5

体重	3280	3320	3320	3350	3360	3430	3470	3610	3620	3800
$\dfrac{2\times i-1}{2N}\times 100$	52.5	57.5	62.5	67.5	72.5	77.5	82.5	87.5	92.5	97.5

手順 2　この 20 個の点を正規確率紙の上に描こう．

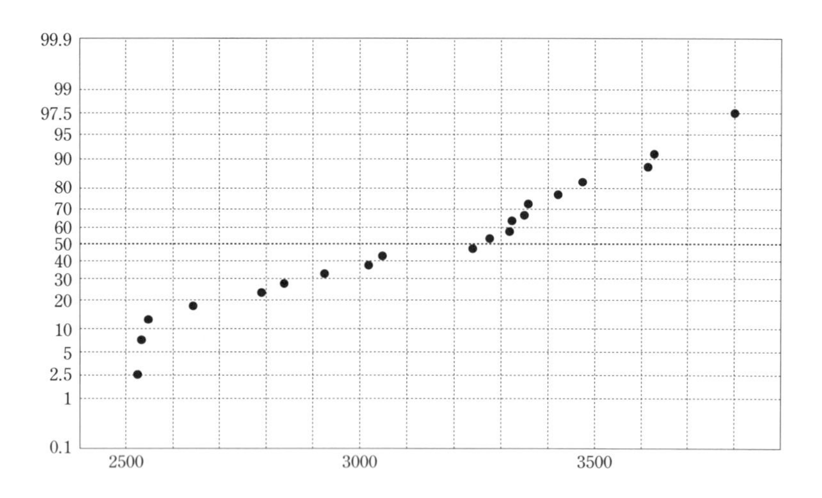

手順 3　20 個の点が直線上に並んでいるか，調べよう．

回帰直線の求め方 【p.77】

手順 1　データから，次の統計量を計算しよう．

日	客の人数 x	売上高 y	x^2	y^2	$x \times y$
1日め	35	16800	1225	282240000	588000
2日め	46	17850	2116	318622500	821100
3日め	22	11450	484	131102500	251900
4日め	61	24800	3721	615040000	1512800
5日め	57	27600	3249	761760000	1573200
6日め	29	14350	841	205922500	416150
7日め	50	23000	2500	529000000	1150000
8日め	68	31700	4624	1004890000	2155600
9日め	37	15650	1369	244922500	579050
合計	405	183200	20129	4093500000	9047800

手順 2　回帰係数 b_1 と定数項 b_0 を求めよう．

$$b_1 = \frac{\boxed{9} \times \boxed{9047800} - \boxed{405} \times \boxed{183200}}{\boxed{9} \times \boxed{20129} - \boxed{405}^2} = \boxed{422.164}$$

$$b_0 = \frac{\boxed{20129} \times \boxed{183200} - \boxed{9047800} \times \boxed{405}}{\boxed{9} \times \boxed{20129} - \boxed{405}^2} = \boxed{1358.182}$$

よって，回帰直線は

$$Y = \boxed{422.164}\,x + \boxed{1358.182}$$

となる．

分散分析表 ・・・【p.83】

手順1 データの型から次の統計量を計算しよう.

No.	客の人数 x	売上高 y	y^2	$x \times y$
合計	405	183200	4093500000	9047800

$$S_{y^2} = \boxed{4093500000} - \frac{\boxed{183200}^2}{\boxed{9}} = \boxed{364362222.222}$$

$$S_{yx} = \boxed{9047800} - \frac{\boxed{405} \times \boxed{183200}}{\boxed{9}} = \boxed{803800}$$

手順2 回帰係数 $b_1 = \boxed{422.164}$ を利用して,平方和 S_R, S_E を求めよう.

$$S_R = \boxed{422.164} \times \boxed{803800} = \boxed{339335315.126}$$

$$S_E = \boxed{364362222.222} - \boxed{339335315.126} = \boxed{25026907.096}$$

手順3 分散分析表を作ろう.

変　動	平方和	自由度	平均平方	F 値
回帰による	339335315.126	1	339335315.126	94.912
残差による	25026907.096	7	3575272.442	

手順4 有意水準を $\alpha = 0.05$ としよう.

$$F_0 = \boxed{94.912} \quad \boxed{>} \quad F(1, \boxed{9} - 2 ; 0.05) = \boxed{8.073}$$

なので,仮説 H_0 は $\boxed{\text{棄てられる}}$.

したがって,この回帰直線は予測に役に $\boxed{\text{立つ}}$ と考えられる.

母平均の区間推定 ……【p.91】

手順 **1** 標本データから，次の統計量を計算しよう．

No.	金額 x	x^2
1	5700	32490000
2	8900	79210000
3	9200	84640000
4	10200	104040000
5	7900	62410000
6	8500	72250000
7	11300	127690000
8	23500	552250000
9	15300	234090000
10	10100	102010000
合計	110600	1451080000

標本平均

$$\bar{x} = \frac{\boxed{110600}}{\boxed{10}}$$

$$= \boxed{11060}$$

標本分散

$$s^2 = \frac{\boxed{10} \times \boxed{1451080000} - \boxed{110600}^2}{\boxed{10} \times (\boxed{10} - 1)}$$

$$= \boxed{25316000}$$

手順 **2** 信頼係数を 95%としよう

$$100(1-\alpha) = 95, \quad \alpha = \boxed{0.05}.$$

t 分布の数表から $t\left(10-1\,;\,\dfrac{0.05}{2}\right)$ を求めよう．

$$t(\boxed{10} - 1\,;\,\boxed{0.025}) = \boxed{2.262}$$

手順 **3** 母平均 μ の信頼係数 95%の信頼区間は

$$\boxed{11060} - \boxed{2.262} \times \sqrt{\frac{\boxed{25316000}}{\boxed{10}}} \leqq \mu \leqq \boxed{11060} + \boxed{2.262} \times \sqrt{\frac{\boxed{25316000}}{\boxed{10}}}$$

$$\boxed{7460.681} \leqq \mu \leqq \boxed{14659.319}$$

したがって，平均使用金額は

$\boxed{7461}$ 円～ $\boxed{14659}$ 円

となる．

母比率の区間推定 【p.97】

手順 1　標本データ

カテゴリ	ダイエットに関心がある	ダイエットに関心がない	合計
人数	33 人	7 人	40 人

手順 2　信頼係数を 95%としよう

$$100\times(1-\alpha)=95$$

$$\alpha=\boxed{0.05}\qquad \frac{\alpha}{2}=\boxed{0.025}$$

標準正規分布の数表から，$z\left(\frac{\alpha}{2}\right)$を求めると……

$$z\left(\frac{\alpha}{2}\right)=z(\boxed{0.025})=\boxed{1.960}$$

手順 3　母比率 p の信頼係数 95%の信頼区間を求めよう．

$$\frac{\boxed{33}}{\boxed{40}}-\boxed{1.960}\times\sqrt{\frac{\frac{\boxed{33}}{\boxed{44}}\times\left(1-\frac{\boxed{33}}{\boxed{44}}\right)}{\boxed{40}}}\leqq p\leqq\frac{\boxed{33}}{\boxed{40}}+\boxed{1.960}\times\sqrt{\frac{\frac{\boxed{33}}{\boxed{40}}\times\left(1-\frac{\boxed{33}}{\boxed{44}}\right)}{\boxed{40}}}$$

$$\boxed{0.707}\leqq p\leqq\boxed{0.829}$$

したがって，ダイエットに関心がある比率は

$$\boxed{70.7}\,\%\sim\boxed{82.9}\,\%$$

となる．

母平均の検定 【p.117】

手順 1 仮説をたてよう.

仮説 H_0：$\mu = 8.5$

対立仮説 H_1：$\mu \neq 8.5$ ⬅両側検定

手順 2 データから，次の統計量を計算しよう.

No.	酸素量 x	x^2
1	11.8	139.24
2	7.2	51.84
3	5.2	27.04
4	3.8	14.44
5	8.1	65.61
6	8.6	73.96
7	6.8	46.24
8	10.4	108.16
9	4.8	23.04
合計	66.7	549.57

標本平均

$$\bar{x} = \frac{\boxed{66.7}}{\boxed{9}} = \boxed{7.411}$$

標本分散

$$s^2 = \frac{\boxed{9} \times \boxed{549.57} - \boxed{66.7}^2}{\boxed{9} \times (\boxed{9} - 1)} = \boxed{6.906}$$

手順 3 検定統計量 $T(\bar{x}, s^2)$ を求めよう.

$$T(\bar{x}, s^2) = \frac{\boxed{7.411} - \boxed{8.5}}{\sqrt{\dfrac{\boxed{6.906}}{\boxed{9}}}} = \boxed{-1.243}$$

手順 4 検定統計量と棄却限界を比較しよう.

有意水準を $\alpha = 0.05$ としよう.

$$|T(\bar{x}, s^2)| = |\boxed{-1.243}| \overset{\text{不等号}}{\boxed{<}} t(\boxed{9} - 1\,;\,0.025) = \boxed{2.306}$$

なので，仮説 H_0 は 棄てられない .

したがって，河川が汚染されて いるとはいえない .

母比率の検定 ……【p.123】

手順 1　仮説と対立仮説をたてよう．

仮説　　　H_0：支持率は 35％である

対立仮説 H_1：支持率は 35％でない　　⬅両側検定

手順 2　データから，次の検定統計量を求めよう．

カテゴリ	支持する	支持しない	合計
人数	3897 人	8103 人	12000 人

$$T(m) = \frac{\dfrac{\boxed{3897}}{\boxed{12000}} - \boxed{0.35}}{\sqrt{\dfrac{\boxed{0.35} \times (1 - \boxed{0.35})}{\boxed{12000}}}} = \boxed{-5.799}$$

手順 3　検定統計量と棄却限界を比較しよう．

有意水準を $\alpha = 0.05$ として，

標準正規分布の数表から $z\left(\dfrac{0.05}{2}\right)$ を求めよう．

$$T(m) = \boxed{-5.799} \quad \boxed{<} \quad -z(0.025) = \boxed{-1.960}$$

なので，仮説 H_0 は $\boxed{\text{棄てられる}}$．

したがって，この政党の支持率は 35％で $\boxed{\text{ない}}$．

適合度検定 【p.129】

手順 1　仮説をたてよう．

$$\text{仮説 } H_0 : \begin{cases} \text{野生型メス } p_1 = 0.5 \\ \text{野生型オス } p_2 = 0.25 \\ \text{白眼　オス } p_3 = 0.25 \end{cases}$$

← $\frac{2}{4} = 0.5$, $\frac{1}{4} = 0.25$, $\frac{1}{4} = 0.25$

手順 2　データから，次の統計量を計算しよう．

カテゴリ	実測度数 f_i	期待度数 Np_i	$f_i - Np_i$
野生型メス	592	602	−10
野生型オス	331	301	30
白眼　オス	281	301	−20
合　計	1204	1204	0

手順 3　検定統計量 $T(f_i)$ を求めよう．

$$T(f_i) = \frac{\boxed{-10}^2}{\boxed{602}} + \frac{\boxed{30}^2}{\boxed{301}} + \frac{\boxed{-20}^2}{\boxed{301}} = \boxed{4.485}$$

手順 4　検定統計量と棄却限界を比較しよう．

有意水準を $\alpha = 0.05$ とし，

カイ２乗分布の数表から $\chi^2(3-1;0.05)$ を求めると

$$T(f_i) = \boxed{4.485} \quad \boxed{<} \quad \chi^2(\boxed{3} - 1;0.05) = \boxed{5.991}$$

なので，仮説 H_0 は 棄てられない．

したがって，野生型メス，野生型オス，白眼のオスの比は

２：１：１であると 考えられる．

2つの母平均の差の検定 【p.149】

手順1 仮説と対立仮説をたてよう.

仮説　　H_0：リンゴの葉の長さは等しい

対立仮説 H_1：日当りによって葉の長さに差がある　　⬅両側検定

手順2 データから，次の統計量を計算しよう.

x_A	x_A^2
80	6400
73	5329
80	6400
82	6724
74	5476
86	7396
78	6084
62	3844
85	7225
700	54878

⬆合計

x_B	x_B^2
85	7225
81	6561
86	7396
88	7744
98	9604
88	7744
73	5329
103	10609
702	62212

⬆合計

$$\bar{x}_A = \frac{\boxed{700}}{\boxed{9}} = \boxed{77.78}$$

$$s_A{}^2 = \frac{\boxed{9} \times \boxed{54878} - \boxed{700}^2}{\boxed{9} \times (\boxed{9} - 1)} = \boxed{54.194}$$

$$\bar{x}_B = \frac{\boxed{702}}{\boxed{8}} = \boxed{87.75}$$

$$s_B{}^2 = \frac{\boxed{8} \times \boxed{62212} - \boxed{702}^2}{\boxed{8} \times (\boxed{8} - 1)} = \boxed{87.357}$$

$$s^2 = \frac{(\boxed{9} - 1) \times \boxed{54.194} + (\boxed{8} - 1) \times \boxed{87.357}}{\boxed{9} + \boxed{8} - 2} = \boxed{69.670}$$

手順3 検定統計量を求めよう.

$$T(\bar{x}_A, \bar{x}_B, s^2) = \frac{\boxed{77.78} - \boxed{87.75}}{\sqrt{\left(\frac{1}{\boxed{9}} + \frac{1}{\boxed{8}}\right) \times \boxed{69.670}}} = \boxed{-2.459}$$

手順4 検定統計量と棄却限界を比較しよう.

有意水準を $\alpha = 0.05$ とすると

$$|T(\bar{x}_A, \bar{x}_B, s^2)| = |\boxed{-2.459}| \quad \boxed{>} \quad t(\boxed{9} + \boxed{8} - 2 ; 0.025) = \boxed{2.131}$$

より，仮説 H_0 は 棄てられる .

したがって，リンゴの葉の長さに 差がある .

等分散性の検定 【p.155】

手順 1　仮説と対立仮説をたてよう.

仮説　　H_0：$\sigma_A{}^2 = \sigma_B{}^2$

対立仮説 H_1：$\sigma_A{}^2 \neq \sigma_B{}^2$　　⬅両側検定

手順 2　データから，次の統計量を計算しよう.

A x_A	$x_A{}^2$
259	67081
75	5625
45	2025
36	1296
140	19600
95	9025
137	18769
103	10609
890	134030

B x_B	$x_B{}^2$
118	13924
87	7569
112	12544
125	15625
106	11236
83	6889
121	14641
84	7056
69	4761
905	94245

⬅合計

$$s_A{}^2 = \frac{\boxed{8} \times \boxed{134030} - \boxed{890}^2}{\boxed{8} \times (\boxed{8} - 1)} = \boxed{5002.5}$$

$$s_B{}^2 = \frac{\boxed{9} \times \boxed{94245} - \boxed{905}^2}{\boxed{9} \times (\boxed{9} - 1)} = \boxed{405.278}$$

手順 3　検定統計量 $T(s_A{}^2, s_B{}^2)$ を求めよう.

$$T(s_A{}^2, s_B{}^2) = \frac{\boxed{5002.5}}{\boxed{405.278}} = \boxed{12.343}$$

手順 4　検定統計量と棄却限界を比較しよう.

有意水準を $\alpha = 0.05$ とすると

$$T(s_A{}^2, s_B{}^2) = \boxed{12.343}$$

$$F(\boxed{8} - 1, \boxed{9} - 1\,;\, 0.975) = \boxed{4.529}$$

$$F(\boxed{8} - 1, \boxed{9} - 1\,;\, 0.025) = \boxed{0.204}$$

なので，仮説 H_0 は 棄てられる .

したがって，中性脂肪のバラツキに 差がある .

対応のある２つの母平均の差の検定 【p.163】

手順 1　仮説と対立仮説をたてよう．

　仮説　　H_0：３か月後と６か月後で体重は変化しない

　対立仮説 H_1：３か月後と６か月後で体重は変化する　⬅両側検定

手順 2　データから，次の統計量を計算しよう．

No.	x_A	x_B	$x_A - x_B$	$(x_A - x_B)^2$
1	57.2	48.7	8.5	72.25
2	64.4	67.3	−2.9	8.41
3	66.9	63.1	3.8	14.44
4	63.5	56.2	7.3	53.29
5	49.3	52.4	−3.1	9.61
6	61.4	52.9	8.5	72.25
7	55.1	57.2	−2.1	4.41
8	59.0	49.8	9.2	84.64
9	56.5	46.0	10.5	110.25
10	57.6	59.5	−1.9	3.61
合計	590.9	553.1	37.8	433.16

$$\bar{x} = \frac{\boxed{37.8}}{\boxed{10}} = \boxed{3.78}$$

$$s^2 = \frac{\boxed{10} \times \boxed{433.16} - \boxed{37.8}^2}{\boxed{10} \times (\boxed{10} - 1)} = \boxed{32.253}$$

手順 3　検定統計量 $T(\bar{x}, s^2)$ を求めよう．

$$T(\bar{x}, s^2) = \frac{\boxed{3.78}}{\sqrt{\dfrac{\boxed{32.253}}{\boxed{10}}}} = \boxed{2.105}$$

手順 4　検定統計量と棄却限界を比較しよう．

有意水準を $\alpha = 0.05$ とすると

$$|T(\bar{x}, s^2)| = |\boxed{2.105}| \quad \boxed{<} \quad t(\boxed{10} - 1\,;\,\boxed{0.025}) = \boxed{2.262}$$

なので，仮説 H_0 は 棄てられない ．

したがって，３か月後と６か月後とで

体重は変化 するとはいえない ．

2つの母比率の差の検定 【p.171】

手順1 仮説と対立仮説をたてよう．

仮説　　H_0：山の小学校と海の小学校の
アサガオの発芽率は同じ

対立仮説 H_1：山の小学校と海の小学校の
アサガオの発芽率は異なる

手順2 データから，次の統計量を計算しよう．

カテゴリ	発芽	全数
山の小学校 A	1432	2000
海の小学校 B	1321	2000

$$p^* = \frac{\boxed{1432} + \boxed{1321}}{\boxed{2000} + \boxed{2000}} = \boxed{0.688}$$

手順3 検定統計量 $T(m_A, m_B)$ を求めよう．

$$T(m_A, m_B) = \frac{\dfrac{\boxed{1432}}{\boxed{2000}} - \dfrac{\boxed{1321}}{\boxed{2000}}}{\sqrt{\boxed{0.688} \times (1 - \boxed{0.688}) \times \left(\dfrac{1}{\boxed{2000}} + \dfrac{1}{\boxed{2000}}\right)}} = \boxed{3.789}$$

手順4 検定統計量と棄却限界を比較しよう．

有意水準を $\alpha = 0.05$ とすると

$$|T(m_A, m_B)| = |\boxed{3.789}| \quad \boxed{>} \quad z\left(\frac{0.05}{2}\right) = \boxed{1.960}$$

なので，仮説 H_0 は $\boxed{\text{棄てられる}}$．

したがって，アサガオの発芽率は $\boxed{\text{異なる}}$．

ウィルコクスンの順位和検定 【p.183】

手順1　仮説と対立仮説をたてよう.

仮説　H_0：緑黄色野菜と淡色野菜のビタミンCの量は同じ

対立仮説 H_1：緑黄色野菜と淡色野菜のビタミンCの量は異なる

手順2　データから，次の順位表を作ろう.

データ	16	160	65	200	80	25	6	14
順位	8	15	13	16	14	11	2	6
データ	17	44	15	11	8	22	5	13
順位	9	12	7	4	3	10	1	5

手順3　検定統計量 W を計算しよう.

$$W_A = 8 + 15 + \cdots + 6 = 85$$

$$W_B = 9 + 12 + \cdots + 5 = 51$$

手順4　検定統計量と棄却限界を比較しよう.

有意水準を $\alpha = 0.05$ とすると

$$\underset{\underline{w}(8,8;0.025)}{49} < \underset{WA}{85} < \underset{\overline{w}(8,8;0.025)}{87}$$

なので，仮説 H_0 は 棄てられない .

したがって，ビタミンCの量は 異なるとはいえない .

ウィルコクスンの符号付順位検定 【p.191】

手順 1 仮説と対立仮説をたてよう.

仮説　　H_0：ゆでる前とゆでた後でカロリーは変化しない

対立仮説 H_1：ゆでる前とゆでた後でカロリーは変化する

手順 2 データから，次のウィルコクスンの符号付順位を求めよう.

No.	1	2	3	4	5	6	7	8	9	10
ゆでる前	55	28	21	86	11	34	13	37	15	24
ゆでた後	43	27	21	96	15	25	15	31	18	24
差	12	1	0	−10	−4	9	−2	+6	−3	0
絶対値	12	1	0	10	4	9	2	6	3	0
順位	8	1		7	4	6	2	5	3	

手順 3 検定統計量 WS を求めよう.

$$WS(+) = \boxed{8} + \boxed{1} + \boxed{6} + \boxed{5} = \boxed{20}$$

$$WS(-) = \boxed{7} + \boxed{4} + \boxed{2} + \boxed{3} = \boxed{16}$$

手順 4 検定統計量と棄却限界を比較しよう.

有意水準を $\alpha = 0.05$ とする.

$$\underset{\underline{w}(8\,;\,0.025)}{\boxed{3}} < \underset{WS(+)}{\boxed{20}} < \underset{\overline{w}(8\,;\,0.025)}{\boxed{33}}$$

なので，仮説 H_0 は 棄てられない .

したがって，カロリーは変化 するとはいえない .

独立性の検定 【p.203】

手順1 仮説と対立仮説をたてよう．

仮説　　 H_0：シートベルト着用と死者数は独立である

対立仮説 H_1：シートベルト着用と死者数は関連がある

手順2 2×2 クロス集計表から，次の統計量を計算しよう．

カテゴリ	着用	非着用	計
負傷	10533	8896	19429
死亡	31	167	198
計	10564	9063	19627

⇨

カテゴリ	着用	非着用
負傷	205247956	176085027
死亡	2091672	1794474

手順3 検定統計量 $T(f_{ij})$ を求めよう．

$$T(f_{ij}) = \frac{(\boxed{19627} \times \boxed{10533} - \boxed{205247956})^2}{\boxed{19627} \times \boxed{205247956}} + \frac{(\boxed{19627} \times \boxed{8896} - \boxed{176085027})^2}{\boxed{19627} \times \boxed{176085027}}$$

$$+ \frac{(\boxed{19627} \times \boxed{31} - \boxed{2091672})^2}{\boxed{19627} \times \boxed{2091672}} + \frac{(\boxed{19627} \times \boxed{167} - \boxed{1794474})^2}{\boxed{19627} \times \boxed{1794474}}$$

$$= \boxed{117.235}$$

手順4 検定統計量と棄却限界を比較しよう．

有意水準を $\alpha = 0.05$ とすると

$$T(f_{ij}) = \boxed{117.235} \quad \boxed{>} \quad \chi^2((\boxed{2}-1) \times (\boxed{2}-1)\,;\,0.05) = \boxed{3.841}$$

なので，仮説 H_0 は［棄てられる］．

したがって，シートベルトは死亡者数減少に［関連がある］．

参 考 文 献

[1] Yadolah Dodge『The Oxford Dictionary of Statistical Terms』Oxford University Press, 2006

[2] Alan Stuart, Keith Ord『Kendall's Advanced Theory of Statistics, Distribution Theory』Wiley, 2010

[3] 竹内啓・大橋靖雄 著『統計的推測―― 2 標本問題』日本評論社，1981

[4] 柳川 堯 著『ノンパラメトリック法』培風館，1982

[5] 竹内 啓 編『統計学辞典』東洋経済新報社，1989

[6] 東京大学教養学部統計学教室 編『統計学入門』東京大学出版会，1991

[7] 東京大学教養学部統計学教室 編『自然科学の統計学』東京大学出版会，1992

[8] 東京大学教養学部統計学教室 編『人文・社会科学の統計学』東京大学出版会，1994

[9] 石村貞夫・D. アレン・劉晨 著『すぐわかる統計用語の基礎知識』東京図書，2016

[10] 石村貞夫・石村光資郎 著『すぐわかる統計処理の選び方』東京図書，2010

[11] 石村貞夫・石村光資郎 著『統計学の基礎のキ～分散と相関係数編』東京図書，2012

[12] 石村貞夫・石村友二郎 著『統計学の基礎のソ～正規分布と t 分布編』東京図書，2012

[13] 石村貞夫 著『入門はじめての統計解析』東京図書，2006

[14] 石村貞夫・石村光資郎 著『入門はじめての分散分析と多重比較』東京図書，2008

[15] 石村貞夫・劉晨・石村光資郎 著『入門はじめての統計的推定と最尤法』東京図書，2010

[16] 石村貞夫・劉晨・石村友二郎 著『Excel でやさしく学ぶ統計解析 2013』東京図書，2013

[17] 石村貞夫・石村友二郎 著『SPSS でやさしく学ぶ統計解析（第 6 版）』東京図書，2017

[18] 石村貞夫・石村光資郎 著『SPSS による統計処理の手順（第 8 版）』東京図書，2018

索　引

■ 欧字

AVERAGE 12
Distribution-free Test 173
F 分布 218
histogram 8
interval estimation 85
log 64
MAX 4
MEAN 12
MEDIAN 13
MIN 4
MODE 13
Non-parametric Test 173
SD 21
SE 21
SUM 22
test of hypothesis 105
t 分布 214
Z 得点 26
Σ 22

■ ア行

あてはまりの良さ 78
イェーツの補正 170
1次式の関係 36
ウィルコクスンの順位和検定 174,224
ウィルコクスンの符号付順位検定 188,228
ウェルチの検定 134,150
上側信頼限界 85

■ カ行

回帰係数 73
回帰直線 73,78
回帰直線のあてはまり 79
回帰直線の求め方 74
階級 3
階級値 17
カイ2乗分布 125,210
カイ2乗検定 125
確率分布 93
仮説の検定 104
片側検定 108,162
カテゴリ 125,195
関連 197
棄却域 47,105
棄却限界 105
基礎統計量 12,21
期待度数 119,125
区間推定 84
グラブスの棄却検定 67
グラフ表現 8
クロス集計表 194
決定係数 78
検定 104,130
検定統計量 47,105
検定のための3つの手順 107,131,197
ケンドールの順位相関係数 39
合計 22
降順 2

■ サ行

最小2乗法　73
最小値　4
最大値　4
最頻値　13
差の検定　130
残差　73
残差の変動　79
散布図　28
散布図の描き方　30
サンプルサイズ　100
下側信頼限界　85
昇順　2
実測値　73
実測値の変動　79
実測度数　125
従属変数　72
自由度　79,210
順位相関　38
順位和検定　174
順位和の分布　175
信頼区間　88
信頼区間の幅　98
信頼係数　88,94
スソの長さ　9,61
スタージェスの公式　4
ステレオグラム　195
スピアマンの順位相関係数　39
スミルノフ・グラブスの検定　67
正規確率紙　53
正規確率紙の描き方　54
正規性　60
正規分布　93, 206
正規母集団　52
正の相関　29
絶対平均偏差　21
説明変量　72
セル　194
尖度　9,61
相関　29
相関係数　33,74
相対度数　3
属性　195

■ タ行

タイ　41
対応のある2つの母平均の差の検定　157
対数変換　64
代表値　12
対立仮説のたて方　108,132,158,166,178
中央値　13,174
中心極限定理　70
データの数　98
データの散らばりぐあい　19
データの標準化　26
データの分布　8
データの変換　64
データの要約　2
適合度検定　60,124
同順位　40
等分散性の検定　152
独立　197
独立性の検定　192
独立変数　72
度数　3
度数分布表　3
度数分布表の作り方　4

■ ナ行

2項分布 93
2項母集団 92
ノンパラメトリック検定 172, 224

■ ハ行

外れ値 66
外れ値の棄却検定 66
範囲 4
ヒストグラム 8
ヒストグラムの描き方 10
標準化 26
標準誤差 21
標準正規分布 119, 206
標準得点 26
標準偏差 20
標本 21
標本の大きさ 100
標本標準偏差 21
標本平均 21, 84
標本変動 85
標本分散 21
符号検定 186, 226
2つの母比率の差の検定 165
2つの母平均の差の検定 130
ブートストラップ法の考え方 102
負の相関 29
分散 20
分散分析表 79
分布のスソの長さ 9, 61
分布の対称性 9, 61
平均値 12
平均平方 79
平方和 79
偏差 21
変動 78
母集団 52
母集団の正規性 60
ボックス・コックス変換 65
母比率 93
母比率の区間推定 92, 100
母比率の検定 118
母比率の差の検定 165
母分散 131
母平均 84, 131
母平均の区間推定 84, 100
母平均の検定 104
母平均の差の検定 130

■ マ行

無相関 29
無相関の検定 46
メジアンランク 56
目的変量 72
マン・ホイットニーの検定 177

■ ヤ行

有意水準 105
予測 72
予測値 73
予測値の変動 79

■ ラ・ワ行

両側検定 108
理論値 124
累積相対度数 3
累積度数 3
歪度 9, 61

■著者紹介

石村貞夫（いしむら さだお）
1975年 早稲田大学理工学部数学科卒業
1977年 早稲田大学大学院修士課程修了
現　在 石村統計コンサルタント代表
理学博士・統計アナリスト

石村友二郎（いしむら ゆうじろう）
2008年 東京理科大学理学部数学科卒業
2014年 早稲田大学大学院基幹理工学研究科数学応用数理学科
博士課程単位取得退学
現　在 文京学院大学　教学IRセンター データ分析担当

改訂版（かいていばん） すぐわかる統計解析（とうけいかいせき）

1993年 1月25日　第1版第1刷発行　Printed in Japan
2019年 2月25日　改訂版第1刷発行

著 者 石 村 貞 夫
石 村 友 二 郎
発行所 東京図書株式会社
〒102-0072 東京都千代田区飯田橋 3-11-19
振替 00140-4-13803　電話 03(3288)9461
http://www.tokyo-tosho.co.jp/

ISBN 978-4-489-02310-1